らくらくマスター

2級管工事
施工管理技術検定
テキスト&厳選問題集

中垣 裕一 著

電気書院

はじめに

　管工事施工管理技術検定は建設業法に定められた試験制度で，施工技術の向上を図ることを目的として毎年実施されています．

　本書は，2級管工事施工管理技士の資格取得を目指す皆さんが業務の傍ら"効率良く資格取得ができるテキスト"というコンセプトを基に編集したものです．

　内容は，問題演習が中心です．各章の最初に，問題を解くためのカギを掲載していますが，この項目は最小限にとどめています．次に，過去問から代表的な問題を例題として取り上げ，解説を付しています．例題に続き，過去問を2問程度掲載しています．

　テキストを読みこなしての学習だけでは試験に合格する実践力は身に付きません．過去問を解くことで試験問題に正答する力が身に付くのです．過去問中心の学習をお勧めします．

　本書は，試験合格を目的として編集したもので，管工事のすべてを収録したものではありません．試験に合格された後も幅広い実践知識・技術習得のために継続研鑽されることを期待いたします．

　最後に，本書が試験合格の一助になることを切に願っています．

　　令和6年3月

中垣 裕一

目　　次

検定概要

第一次検定と第二次検定

　2級管工事施工管理技術検定は第一次検定（旧学科試験）と第二次検定（旧実地試験）によって行われます.

●第一次検定

出題数：52問

解答数：52問より40問を選択して解答

解答形式：四肢択一または四肢二択

試験時間：2時間10分

●第二次検定

出題数：6問

解答数：6問より4問を選択して解答

解答形式：全問記述式

試験時間：2時間

検定実施時期と合格発表

　第一次検定は1年に前期, 後期の2回, 第二次検定は1年に後期のみ1回が行われます. 同日に両方を受検することも可能です. ただし, この場合は後期のみの受検になります.

●前期検定

検定：6月第1日曜日

合格発表：7月上旬

●後期検定

検定：11月第3日曜日

第一次検定合格発表：翌1月上旬

第二次検定合格発表：翌3月上旬

受検申込方法

　受験申込みは,「第一次検定のみ」,「第二次検定のみ」,「第一次検定・第二次検定」の3通りがあります.

なお, 新規受検申込者は書面申込のみ, 再受検者は書面申込, インターネット申込のどちらでも申込可能です. 申込用紙は公式サイトで購入できます.

受検申込時期

前期検定：3月上旬～中旬

後期検定：7月上旬～下旬

受検手数料

第一次検定：5 250円

第二次検定：5 250円

第一次検定・第二次検定：10 500円

問合せ先

　検定概要は2024年3月現在のものです. 最新の情報は下記公式サイトにてご確認ください.

一般財団法人　全国建設研修センター
https://www.jctc.jp/exam/kankouji-2/

【出題分野と配点】

〔第一次検定〕

　第一次検定の総出題数は 52 問で，そのうち 40 問を選択して解答します．1 問 1 点の 40 点満点で，60 % の正解率で合格となります．40 問の 60 % は 24 問なので，24 点が合格基準点です．

　表からもわかるとおり，空調，衛生設備の配点率が 22.5 % と最も高く，次いで施行管理法，法規が 20 % となっています．配点率の高い分野から学習しましょう．

第一次検定

出題項目	解答方式	解答数 / 出題数	範囲	配点率
一般基礎	必須	4/4	環境工学，流体工学，熱工学	10 %
		1/1	電気工学	2.5 %
		1/1	建築学	2.5 %
空調設備	選択	9/17	空気調和，冷暖房，換気	22.5 %
衛生設備			上・下水道，給水・給湯，排気・通気，消火設備，ガス設備，浄化槽	
設備機器・材料	必須	5/5	機器，配管材料，ダクト・付属品	12.5 %
施行管理法	選択	8/10	施工計画，工程管理，品質管理，安全管理，機器の据付，配管の施工，ダクトの施工，保温・塗装，試運転	20 %
法規	選択	8/10	労働安全衛生法，労働基準法，建築基準法，建設業法，消防法，その他	20 %
基礎能力	必須	4/4	正解を二つ選ぶ問題（工程表，機器据付，配管，ダクト）	10 %

〔第二次検定〕

　第二次検定の総出題数は 6 問で，選択問題を 2 問，必須問題を 2 問解答します．第二次検定は記述式の試験です．60 点満点から減点方式で採点されます．

　配点率の 40 % を占める，必須問題の施行経験記述が最重要問題です．あらかじめ記述文をまとめて暗記するようにしましょう．

第二次検定

出題項目	解答方式	解答数 / 出題数	配点率
設備全般	必須	1/1	20 %
空調設備	選択	1/2	20 %
衛生設備			
工程管理	選択	1/2	20 %
法規			
施行経験記述	必須	1/1	40 %

─ 分野 DATA ─
・出 題 数 ················· 4
・回 答 数 ················· 2
・出題区分 ·········· 選択問題

▶テーマの出題頻度　

室内環境
空気環境　　水の性状　　湿り空気

テーマ別 問題を解くためのカギ

ここを覚えれば
問題が解ける！

 室内環境・空気環境

　室内環境は，室内環境に関する語句についての出題が多い．予想平均申告，浮遊物質，揮発性有機化合物（VOCs）濃度などは繰返し出題されている．

　空気環境は，空気中に含まれる物質についての出題が多い．二酸化炭素，一酸化炭素，ホルムアルデヒドなどについて関連項目も含めて理解しておく．

🔓 水の性状

　水の物理的性質は，①温度と圧力により固体，液体，気体に変化する．②密度は約4℃で最大となり，0℃で氷になると容積が約10％増加する．大気圧で1kgの水を1℃上昇させるために必要な熱量は約4.2kJである．

　水の化学的性質は，①pH7で中性である．②硬度とは溶存するカルシウム，マグネシウムイオン量を表したもの．

🔓 湿り空気

　湿り空気とは，空気と水蒸気の混合気体である．空気とそれに含まれる水蒸気量の関係は湿り空気線図で表されるが，湿り空気線図から学習すると時間がかかるので，ここでは，温度が高くなると空気中の水蒸気量は増え，温度が下がると減ると覚えればよい．また，空気中にどれくらいの水蒸気が含まれているかは湿度で表す．湿度には絶対湿度と相対湿度がある．その他，飽和湿り空気，不飽和湿り空気などの語句を理解しておく．

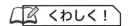

室内環境・空気環境

用語	内容
新有効温度（ET）	気温，湿度，気流，放射熱，作業強度，着衣量により計算された温度
予想平均申告（PMV）	人体の温冷感を数値化したもの
予想不満足者率（PPD）	熱的に不快に感じる人の割合
平均放射温度	壁面から受ける放射温度を平均したもの
気流	室内での空気の流れ
WBGT 指標	熱中症の予防の判断に使われている
揮発性有機化合物（VOCs）	ホルムアルデヒドなどの常温で大気中に容易に揮発する有機化学物質
浮遊物質（SS）	粒径 2 mm 以下の水に溶けない物質
二酸化炭素	無色，無臭で人体に有害ではない．空気の清浄度の指標とされる．室内環境基準では 1 000 ppm 以下
一酸化炭素	無色，無臭で人体に有害．室内環境基準は 10 ppm
浮遊粉じん	直径 10 µm 以下の浮遊じん埃

水質の汚濁

用語	内容
生物化学的酸素要求量（BOD）	水中に含まれる有機物質の指標．河川の水質汚濁の指標として使われる
化学的酸素要求量（COD）	汚濁水を酸化剤で化学的に酸化するときに消費される酸素量
浮遊物質（SS）	粒径 2 mm 以下の水に溶けない懸濁性の物質
溶存酸素量（DO）	水中に溶けている酸素の量

環境工学

流体工学

熱工学

電気工学

建築学

室内環境

例題 次の指標のうち，室内空気環境と関係のないものはどれか．

(1) 浮遊物質量（SS）

(2) 予想平均申告（PMV）

(3) 揮発性有機化合物（VOCs）

(4) 気流

解説

(1)× 浮遊物質（SS）は，水中に浮遊する不溶解性物質を指す．水の濁り具合を測る項目で，水質汚濁法の基準では許容限度を 200 mg/L（日間平均 150）と定めている．

(2)○ 予想平均申告（PMV）は，温冷感を人体と環境との熱交換量に基づいて温熱快適性を表したもので，環境側の気温，湿度，風速，熱放射，人体側の代謝量，着衣量の 6 要素で数値化したもの．

(3)○ 新建材の利用により室内に揮発性有機化合物が放散され，室内の空気汚染が問題になっている．ホルムアルデヒド，トルエン，ベンゼン，ジクロロメタンなどがある．

(4)○ 気流は，室内空気の流れで，建築基準法では 0.5 m/s 以下としている．

〔解答〕 1

出題 1　空気環境に関する記述のうち，適当でないものはどれか．

(1)　二酸化炭素は，直接人体に有害ではない気体で，空気より軽い．

(2)　一酸化炭素は，無色無臭で，人体に有害な気体である．

(3)　浮遊粉じん量は，室内空気の汚染度を示す指標の一つである．

(4)　揮発性有機化合物（VOCs）は，シックハウス症候群の主要因とされている．

Point

(1)　二酸化炭素は無色無臭で空気中に存在し，直接人体に有害ではない．空気に対する比重は 1.529 で空気より重い．

(2)　一酸化炭素は無色無臭で人体に有害な気体である．比重は 0.967 で空気より若干軽い．

(3)　浮遊じん埃のうち，粒径 10 μm 以下の空気中に長時間浮遊し人体に害を与える．室内空気の汚染度を示す指標の一つ．

(4)　ホルムアルデヒドはシックハウス症候群の主要因．

出題 2　室内空気環境に関する記述のうち，適当でないものはどれか．

(1)　石綿は，天然の繊維状の鉱物で，その粉じんを吸入すると，中皮腫などの重篤な健康障害を引き起こすおそれがある．

(2)　空気齢とは，室内のある地点における空気の新鮮さの度合いを示すもので，空気齢が大きいほど，その地点での換気効率がよく空気は新鮮である．

(3)　臭気は，空気汚染を示す指標の一つであり，臭気強度や臭気指数で表す．

(4)　二酸化炭素は無色無臭の気体で，「建築物における衛生的環境の確保に関する法律」における建築物環境衛生管理基準では，室内における許容濃度は 0.1 ％以下とされている．

Point

(1)　石綿は，発がん性が問題になっており，その粉じんを吸入すると中皮腫を引き起こすおそれがある．

(2)　空気齢とは，外気が室内に導入され，測定点まで到達する平均値．空気齢が大きいほど空気は新鮮でない．

(3)　臭気は空気汚染の指標の一つである．

(4)　二酸化炭素の室内における許容濃度は 0.1 ％（1 000 ppm）以下である．

〔解答〕　出題 1：1　　出題 2：2

水の性状

例 題

水に関する記述のうち，適当でないものはどれか.

(1) 1 気圧における水の密度は，0 ℃の氷の密度より大きい.

(2) 1 気圧における空気の水に対する溶解度は，温度上昇とともに増加する.

(3) pH が 7 である水は，中性である.

(4) DO は，水中に溶けている酸素の量である.

解 説

(1)○　水の密度は，4 ℃で最大となり，温度が上昇するにしたがって減少する.
0 ℃の氷になると容積は約 10 %増になり，密度は小さくなる. したがって，水
の密度＞氷の密度となる. ペットボトルに入った水を凍らせるとパンパンにな
ることで体感したことがあると思う.

(2)×　空気は水にはあまり溶解しない. 0 ℃ 1 気圧の空気は水 1 kg にわずか
0.029 g しか溶解しない. 水の温度が上昇すると空気の溶解度は減少する.

(3)○　pH とは，溶液中の水素イオン濃度を表している. 数字が小さいと水素イオ
ン濃度が大きく，数字が大きいと水素イオン濃度は小さくなる. pH が小さい
と酸性，大きいとアルカリ性になる. 酸性＜pH7，中性＝pH7，アルカリ性＞
pH7 となる.

(4)○　DO（溶存酸素量）は，水中に溶け込んでいる分子状の酸素の量である. 清
浄な河川であれば飽和量に近づくが，水中生物の呼吸や有機物の分解で消費さ
れ酸欠状態となる. 水質汚濁の尺度とされる.

そのほかに水質汚濁の尺度として，BOD，COD，SS などが挙げられる. 生
物化学的酸素要求量（BOD）は，好気性微生物によって水中にある有機物が分
解される際に消費される酸素量のことである. BOD が高いと汚染度は高い.
化学的酸素要求量（COD）は，汚濁水を化学的に酸化したときに消費される酸
素量のこと.

〔解答〕　2

出題 1　水に関する記述のうち，適当でないものはどれか.

(1)　大気圧において，1 kg の水の温度を 1 ℃上昇させるために必要な熱量は，約 4.2 kJ である.

(2)　0 ℃の水が氷になると，その容積は約 10 ％増加する.

(3)　硬水は，カルシウム塩，マグネシウム塩を多く含む水である.

(4)　大気圧において，空気の水に対する溶解度は，温度の上昇とともに増加する.

Point

(1)　1 kg の水の温度を 1 ℃上昇させるために必要な熱量を水の比熱といい，約 4.2 kJ である.

(2)　0 ℃の水が氷になると，その容積は約 10 ％増加する.

(3)　カルシウム塩，マグネシウム塩を多く含む水を硬水，少ない水を軟水という.

(4)　水に溶解する気体の体積と水の体積の比を溶解度という. **気体の溶解度は温度上昇とともに減少する.**

出題 2　水の性状に関する記述のうち，適当でないものはどれか.

(1)　pH は，水素イオン濃度の大小を示す指標である.

(2)　BOD は，水中に含まれる有機物質の量を示す指標である.

(3)　DO は，水中に含まれる大腸菌群数を示す指標である.

(4)　マグネシウムイオンの多い水は，硬度が高い.

Point

(1)　pH とは，水素イオン指数のことで，水素イオン濃度の大小を示す. pH 値が小さければ酸性，大きければアルカリ性を示す.

(2)　生物化学的酸素要求量（BOD）は，水中に含まれる有機物質の指標である.

(3)　溶存酸素量（DO）は水中に溶解している酸素の量で，水質の汚濁を示す指標ではない.

〔解答〕　出題 1：4　　出題 2：3

湿り空気

出題傾向： 毎回 0〜1 問出題されている．出題傾向に新しいものは見当たらない．以下の例題が理解できていれば正答することは難しくない．

例　題　湿り空気に関する記述のうち，適当でないものはどれか．

(1) 空気中に含むことのできる水蒸気量は，温度が高くなるほど多くなる．

(2) 飽和湿り空気の相対湿度は 100 ％である．

(3) 露点温度は，その空気と同じ絶対湿度をもつ飽和空気の温度である．

(4) 絶対湿度は，湿り空気中の水蒸気の質量と湿り空気の質量の比である．

解　説

(1)○　空気中に含むことのできる水蒸気量は，温度が高くなるほど多くなる．湿り空気とは，乾き空気（水蒸気を含まない空気）と水蒸気の混合気体である．

(2)○　飽和湿り空気（飽和空気）とは，もうこれ以上水蒸気を含むことができない状態の空気をいう．相対湿度とは，ある温度での湿り空気の水蒸気分圧（P_w）と同じ温度の飽和空気の水蒸気分圧（P_s）の比である．式で表すと相対湿度＝$100 \times (P_s/P_w)$ となる．飽和湿り空気の場合，$P_s = P_w$ となるので，相対湿度は 100 ％になる．

(3)○　露点温度の定義は，問題文のとおりであるが，少々わかりにくい．湿り空気を冷却していくと水蒸気分圧は高くなっていき，飽和空気の状態になる．さらに冷却すると空気中の水蒸気は露となる．この温度が露点温度である．

(4)×　絶対湿度は，湿り空気に含まれる乾き空気 1 kg に対する水蒸気の質量で表す．ある湿り空気の質量が（$1+x$）kg（乾き空気 1 kg，水蒸気 x kg）の場合，絶対湿度は $x/1$ となる．絶対湿度はその湿り空気の温度が上がっても下がっても変わらない．

〔解答〕　4

出題 1　湿り空気に関する記述のうち，適当でないものはどれか．

(1)　飽和湿り空気の相対湿度は 100 ％である．

(2)　絶対湿度は，湿り空気中に含まれる乾き空気 1 kg に対する水蒸気の質量で表す．

(3)　空気中に含むことのできる水蒸気量は，温度が高くなるほど少なくなる．

(4)　飽和湿り空気の乾球温度と湿球温度は等しい．

Point

　乾球温度は，乾いた感熱部をもつ，温度計で測った温度（空気の温度）．湿球温度は感熱部を水につけた布で包んだ，湿球温度計で測った温度で，水分の蒸発潜熱により乾球温度より低くなる．飽和湿り空気は水分の蒸発がないので，乾球温度と湿球温度は等しくなる．

出題 2　湿り空気に関する記述のうち，適当でないものはどれか．

(1)　湿り空気を加熱すると，その絶対湿度は低下する．

(2)　不飽和湿り空気の湿球温度は，その乾球温度より低くなる．

(3)　露点温度とは，その空気と同じ絶対湿度をもつ飽和湿り空気の温度をいう．

(4)　相対湿度とは，ある湿り空気の水蒸気分圧と，その温度と同じ温度の飽和湿り空気の水蒸気分圧との比をいう．

Point

　湿り空気を加熱すると，相対湿度は低下するが，絶対湿度は変化しない．不飽和湿り空気では，水が蒸発することにより湿球温度計から潜熱を奪うため，湿球温度は乾球温度より低くなる．相対湿度の定義は選択肢(4)の文章のとおりである．

〔解答〕　出題 1：3　　出題 2：1

流体工学

— 分野 DATA —
・出 題 数 ·················· 1
・回 答 数 ·················· 1
・出題区分 ········· 選択問題

▶テーマの出題頻度　High 　Low

ベルヌーイの定理　　層流と乱流　　　　粘性　　　　　表面張力
　　　　　　　　　（レイノルズ数）

テーマ別 問題を解くためのカギ

ここを覚えれば
問題が解ける！

総括

　液体（水）を対象とした基礎的な流体工学に関する問題が出題されている．粘性，表面張力，大気圧，ベルヌーイの定理，層流と乱流などである．

粘性

　粘性は，流れを妨げようとする性質である．流体が管内を流れる場合，流体分子は管壁に衝突して減速し，運動量も低下する．さらに，運動量の低下した分子は他の分子に衝突し運動量の交換を行う．その結果，全体の運動量は減少し，流れが妨げられる．管壁や流体分子間の摩擦力が粘性力になる．

表面張力

　表面張力とは，液体が気体と接する界面で，表面を縮小しようとする性質のことである．液体中に細管を鉛直に立てると液体が細管中を上昇（または下降）する．この性質を毛管現象といい，液面に作用する重力と表面張力のつり合いによるものである．

ベルヌーイの定理

　ベルヌーイの定理は流体のエネルギー保存の法則を示したものであり，粘性がない完全流体の場合，流体の運動エネルギー，重力による位置エネルギー，圧力エネルギーの総和は一定である，というものである．式で示すと

$$\frac{\rho v^2}{2} + \rho g h + p = 一定$$

v：流体の速度，g：重力加速度，h：鉛直方向の高さ，ρ：流体の密度

となる.

くわしく！

ベルヌーイの定理の応用

ベルヌーイの定理からわかるように，流れの圧力（動圧と静圧）を測定すれば，流速を知ることができる．ピトー管はこの応用例である．また，管路に絞り機構を設け，流速の異なる部分をつくりその前後の静圧を測定することで，流量を計測することができる．オリフィスやベンチュリー管はこの例である．

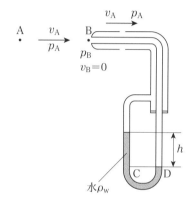

図 1-2-1　ピトー管の原理

層流と乱流

液体の運動は，流体分子が規則正しく層をなしている流れる層流と，不規則に混乱した流れの乱流にわけられる．流体の乱れは流速（v），管の内径（d），動粘性係数（ν）に関係しており，次式で示される．

$$Re = \frac{vd}{\nu}$$

これをレイノルズ数といい，レイノルズ数が大きくなると乱流になる．また，この式でわかるとおり流速が速くなるほど乱流になりやすい．層流から乱流になるときのレイノルズ数を臨界レイノルズ数という．

流体工学

例 題 流体に関する記述のうち, 適当でないものはどれか.

(1) 流体の粘性の影響は, 流体に接する壁面近くでは無視できる.

(2) レイノルズ数は, 層流と乱流の判定の目安になる.

(3) 毛管現象は, 液体の表面張力によるものである.

(4) ベルヌーイの定理は, エネルギー保存の法則を示したものである.

解 説

(1)× 流体の粘性は, 流れを妨げようとする性質である. 流体分子が管壁に衝突すると運動量が低下する. 運動量の低下した分子は管壁近くの別の分子に衝突し, さらに運動量が低下する. このことからもわかるように, 流体の粘性の影響は壁面近くの影響が大きい.

(2)○ レイノルズ数は層流と乱流の判定の目安になる. レイノルズ数が大きいと乱流になり, 小さいと層流になる.

(3)○ 毛管現象は液体中に細管を垂直に立てたときに液体が細管内を上昇（下降）する現象である. 液体の表面張力の鉛直成分と重力のつり合いにより液面の上昇高さが決まる.

(4)○ ベルヌーイの定理は管路を流れる流体の運動エネルギー, 位置エネルギー, 圧力の総和が一定であると定義したもので, 流体の運動について, エネルギー保存の法則を適用したものである.

〔解答〕 1

出題 1 　流体に関する記述のうち，適当でないものはどれか．

(1)　液体は，気体に比べて圧縮しにくい．

(2)　大気圧において，水の粘性係数は空気の粘性係数より小さい．

(3)　管路を流れる水は，レイノルズ数が大きくなると層流から乱流になる．

(4)　流水管路において，弁の急閉はウォーターハンマーが発生する要因となる．

Point

(1)　液体は気体に比べて圧縮しにくく，非圧縮性流体と呼ぶ．水の圧縮率も極めて小さい．

(2)　0℃1気圧の粘性係数は水 1.792×10^{-3}，空気 17.1×10^{-6}．**水の粘性係数は気体のそれより大きい**．

(4)　管路において，弁を急閉して流れを急に止めると，運動エネルギーは圧力に変わり，急激な圧力上昇が起こる．このような現象をウォーターハンマーという．配管や接続機器の損傷の原因になることがある．

出題 2 　流体に関する記述のうち，適当でないものはどれか．

(1)　水は，一般的にニュートン流体として扱われる．

(2)　1気圧のもとで水の密度は，4℃付近で最大となる．

(3)　液体の粘性係数は，温度が高くなるにつれて減少する．

(4)　大気圧の1気圧の大きさは，概ね深さ1mの水圧に相当する．

Point

(1)　ニュートン流体とは，流れのせん断応力と速度勾配が比例して流体と定義される．水はニュートン流体として扱われる．非ニュートン流体は高分子物質などである．

(2)　水の密度は，4℃付近で最大となる．

(3)　流体の粘性係数と温度の関係は，液体では温度が高くなるにつれて減少し，気体では増加する．

(4)　大気圧の1気圧はおおむね **10 m の水圧に相当する**．

〔解答〕　出題1：2　　出題2：4

Chapter 1-3 ▶ 一般基礎

熱工学

— 分野 DATA —
- 出 題 数 ·················· 1
- 回 答 数 ·················· 1
- 出題区分 ·········· 選択問題

▶テーマの出題頻度 High ▮▮▮▮ Low ▮▯▯▯

伝熱	比熱・熱容量	顕熱と潜熱	エネルギー保存の法則 ボイル・シャルルの法則

テーマ別 問題を解くためのカギ

ここを覚えれば問題が解ける！

総括

熱工学に関する出題内容は，ボイル・シャルルの法則，熱容量，相変化（顕熱と潜熱），エネルギー保存の法則，伝熱などである．一見難しいようであるが，ポイントを理解しておけば解答できる問題が出題されている．

ボイル・シャルルの法則

理想気体を準静的変化（非常にゆっくり変化させる）させたときに，気体の圧力（P），体積（V）および温度（T）の間には $P \cdot V/T =$ 一定という関係が成立する．この式から気体の状態が変化したときの圧力，体積，温度の変化を導き出すことができる．例えば，体積を一定に保ったまま気体を冷却すると，圧力は低くなる（P と T は反比例の関係にある）．

比熱・熱容量

温度の単位は，氷が溶ける温度を 0 ℃，水が沸騰する温度を 100 ℃としたセ氏度（℃）とこれ以上下げることのできない温度を 0 K としたケルビン（K）がある．K ＝℃－273.15 となる．

熱量の単位は，水 1 g を 1 ℃上昇させるのに必要な熱量を 1 cal としていたが，現在では SI 単位系のジュール（J）を用いる．

比熱とは，1 kg の物質の温度を 1 K だけ上昇させるのに要する熱量である．熱容量はある物体の温度を 1 K 上げるのに必要な熱量であり，熱容量「kJ/K」＝物体の重量「kg」×比熱「kJ/(kg・K)」となる．

熱力学で扱う比熱には定容比熱 C_v と定圧比熱 C_p がある．気体の定容比熱と定圧比熱は差が大きく，常に $C_v < C_p$ となる．

顕熱と潜熱

　顕熱とは，物体の温度を上昇させるために使われる熱量である．潜熱とは，温度変化を伴わない状態変化のみに使われる熱量である．0℃の水を100℃の水にするために使われる熱量が顕熱．0℃の氷を0℃の水に，あるいは，100℃の水を100℃の蒸気にするために使われる熱量が潜熱である．

エネルギー保存の法則

　熱はエネルギーの一種であり，外部から熱を与えたり機械的仕事を行ったりすると，その物体のもつエネルギーは与えられた熱や仕事の分だけ大きくなる．また，熱と仕事はともにエネルギーの一種であるので，これらを相互に変換することができる．これが熱力学の第1法則である．
　低温の熱源から高温の熱源に自然に熱が移動することはない．これが熱力学の第2法則である．

伝熱

　熱エネルギーの移動が行われる現象が伝熱現象である．
　熱の伝わり方には，熱伝導，対流，熱放射の3種類がある．熱伝導とは，固体内を高温部から低温部へ熱が伝わる現象である．対流とは，流体のある部分が熱せられ，温度が上昇すると密度が小さくなり上昇し，そこへ密度の大きい低温の流体が流入する現象である．熱放射とは，熱を電磁波の形で放出したり吸収したりする現象であり，熱エネルギーを伝達する媒体を必要とせず，真空中でも生じる．実際の伝熱現象はこれらの現象が複雑に絡み合って起きる．

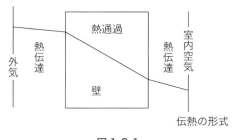

図1-3-1

熱工学

例 題 熱に関する記述のうち，適当でないものはどれか.

(1) 物体の温度を1℃上げるのに必要な熱量を，熱容量という.

(2) 温度変化を伴わず，物体の状態変化のみに消費される熱を顕熱という.

(3) 熱は，低温の物体から高温の物体へ自然に移ることはない.

(4) 気体を断熱圧縮すると，温度が変化する.

解 説

(1)○ 熱容量の定義は問題文のとおりである．熱容量が大きいと温まりにくく冷めにくい.

(2)× 温度変化を伴わず，物体の状態が変化するとは，0℃の氷が溶けて0℃の水になる場合や100℃の湯が100℃の蒸気になる状態変化のことである．この場合に消費される熱は潜熱である．顕熱は温度を上げるときに消費される熱のことである.

(3)○ 熱はエネルギーであり，低温の物体は高温の物体より熱エネルギーは小さい．エネルギーの移動は小から大へ移動することはない．したがって，熱は低温の物体から高温の物体へ自然に移ることはない.

(4)○ 気体を断熱圧縮するとは，外部との熱のやり取りをせずに圧縮するということである．エネルギー保存の法則により，圧縮により供給されたエネルギーは内部の温度上昇に費やされ，温度が変化する.

〔解答〕 2

出題 1　熱に関する記述のうち，適当でないものはどれか．

(1) 体積を一定に保ったまま気体を冷却すると，圧力は低くなる．

(2) 0 ℃の水が 0 ℃の氷に変化するときに失う熱は，顕熱である．

(3) 国際単位系（SI）では，熱量の単位としてジュール〔J〕を用いる．

(4) 熱と仕事はともにエネルギーの一種であり，これらは相互に変換することができる．

Point

(1) ボイル・シャルルの法則により $P \cdot V/T =$ 一定，ここで V（体積）が一定であるため $P/V =$ 一定となる．この式からわかるように気体の温度が下がると圧力も低くなる．

(2) 例題(2)に記述のとおり，**潜熱である**．

(3),(4) 以前は熱量の単位として［cal］を使っていたが，熱と仕事はともにエネルギーであるため互換でき，単位は SI 単位系のジュール［J］を用いている．

出題 2　伝熱に関する記述のうち，適当でないものはどれか．

(1) 固体壁における熱通過とは，固体壁を挟んだ流体の間の伝熱をいう．

(2) 固体壁における熱伝達とは，固体壁表面とこれに接する流体との間で熱が移動する現象をいう．

(3) 気体は，一般的に，液体や固体と比較して熱伝導率が大きい．

(4) 自然対流とは，流体内のある部分が温められ上昇し，周囲の低温の流体がこれに代わって流入する熱移動現象等をいう．

Point

(1),(2) 冷房した室内を想定してみる．外気（空気という流体）の熱は壁（固体壁）を伝わって室内空気（流体）へと伝わる．これが熱通過である．また，外気の熱が壁に伝わる現象を熱伝達という．

(3) 気体は熱が伝わりにくく，**熱伝導率は，気体＜液体＜固体**となる．

(4) 空気が温められると密度が小さくなり上昇し，そこに周囲の冷たい空気が流入し空気の流れができる．

（解答）　出題 1：2　　出題 2：3

電気工学

▶テーマの出題頻度　High ■■■■■　Low ■□□□□

電気工事	装置・文字記号	始動方式	
■■■■	■■■□	■■□□	■□□□

テーマ別 問題を解くためのカギ

ここを覚えれば
問題が解ける！

総括

　電気工事に関する問題は，電気工事に関する問題，装置とその目的・役割・特徴についての問題，用語と文字記号の組合せについての出題が多い.

電気工事

① 金属管工事

　金属管をコンクリート内等に埋め込み，その中に絶縁電線を通線する配線方法である. この工事の利点は，外部衝撃に強い，電線の引替えが容易，感電や火災事故を防止できる等である. 配線は，600 V ビニル絶縁電線（IV 電線）のような絶縁電線を使用する. また，金属管内で配線を接続してはならない. 配線の接続はプルボックス等の中で行う.

② 合成樹脂管工事

　硬質塩化ビニル電線管や合成樹脂可とう電線管を用いる方法で，金属管に比べ絶縁性に優れている，軽量，加工が容易，腐食しにくいなどの利点がある. 一方，衝撃に弱い，熱により変形しやすいなどの欠点がある. 合成樹脂可とう電線管には耐熱性のある PF 管と非耐熱性の CD 管がある. CD 管は，直接コンクリートに埋め込んで施設する専用の電線管で，PF 管と区別するためオレンジ色をしている.

③ 接地

　電気機器を大地と同電位に保つため，地中に埋設した導体に接続することをいう. その目的は，感電や火災の防止にある.

④ 絶縁抵抗測定

　絶縁抵抗測定は絶縁抵抗測定器（メガテスタ）を使用し測定する. 接地抵抗測定は接地抵抗計（アーステスタ）を使用する.

📝 **くわしく！**

装置・文字記号

機器名称	働き
漏電遮断器（ELCB）	電路に地絡を生じたときに自動的に電路を遮断する
配線用遮断器（MCCB）	過負荷電流・短絡電流などの過電流を自動遮断する
進相コンデンサ	誘導電動機の電路では，巻線のインダクタンスにより電流の位相が遅れるため，力率改善を目的として設置される
保護継電器	電動機の過負荷，欠相，反相を生じたとき主回路を開放する．過負荷保護継電器（1E），過負荷・欠相保護継電器（2E），過負荷・欠相・反相保護継電器（3E）
サーマルリレー	熱動式の過負荷保護継電器

三相誘導電動機の始動方式

① 全電圧直入始動

　直接電源電圧を加えて始動する方式で，始動電流は定格電流の5〜7倍程度とかなり大きい．

② スターデルタ始動

　始動時には誘導電動機の巻線をスター結線にして，誘導電動機の回転が加速したらスター結線からデルタ結線に切り替えて運転する方式である．このようにすることで，始動電流を1/3に制限することができる．

環境工学

流体工学

熱工学

電気工学

建築学

電気工学

例 題 電気工事に関する記述のうち，適当でないものはどれか．

(1) 飲料用冷水機の電源回路には，漏電遮断器を設置する．

(2) CD管は，コンクリートに埋設して施設する．

(3) 電動機の電源配線は，金属管内で接続しない．

(4) 絶縁抵抗の測定には，接地抵抗計を用いる．

解 説

(1)○ 電気設備の技術基準の解釈第36条による．電路に地絡を生じたときに自動的に電路を遮断する装置を設けなければならない分岐回路の中に飲料用冷水機が含まれる．

(2)○ CD管は，直接コンクリートに埋め込んで施設する．そうでない場合は，専用の不燃性または自消性のある難燃性の管またはダクトに収めて施設する．

(3)○ 金属管配線，合成樹脂管配線などに通線する場合，管内で配線を接続してはならない．配線を接続する場合は，プルボックス等の中で接続する必要がある．

(4)× 絶縁抵抗測定には，絶縁抵抗測定器（メガテスタ）を用いる．接地抵抗測定には接地抵抗計（アーステスタ）を用いる．

〔解答〕 4

出題 1

電気設備の制御機器に関する「文字記号」と「用語」の組合せとして，適当でないものはどれか．

(1) F ——————— ヒューズ

(2) ELCB ——— 漏電遮断器

(3) SC ——————— 過負荷欠相継電器

(4) MCCB ——— 配線用遮断器

Point

文字記号は沢山あるわけではないので覚えておくこと．

「F」は「Fuse」ヒューズを表す．電気回路に過電流や短絡電流が流れたときに，溶断して回路を開放する．「ELCB」は漏電遮断器，「MCCB」は配線用遮断器を表す．「SC」は「電力用コンデンサ」のことである．過負荷欠相継電器は「2ER」である．

出題 2

電気設備に関する「機器又は方式」と「特徴」の組合せのうち，適当でないものはどれか．

(1) 進相コンデンサ ——————— 回路の力率を改善できる．

(2) 3E リレー（保護継電器）—— 回路の逆相（反相）を保護できる．

(3) 全電圧始動（直入始動）——— 始動時のトルクを制御できる．

(4) スターデルタ始動 ————— 始動時の電流を制御できる．

Point

(1) 進相コンデンサは，巻線のインダクタンスにより位相が遅れ，力率が小さくなることを改善（1 に近づける）する．

(2) 3E リレーは，過負荷・欠相・逆相（反相）を保護する．

(3) 全電圧始動は，直接電源電圧を投入して始動する方式で，始動方法は単純であるが，始動電流，**始動トルクは大きくなる**．

(4) スターデルタ始動は，始動時の電流を制御できる．

〔解答〕　出題 1：3　　出題 2：3

Chapter 1-5 ▶ 一般基礎

建築学

— 分野 DATA —
・出 題 数 ·················· 1
・回 答 数 ·················· 1
・出題区分 ·········· 選択問題

▶テーマの出題頻度　High　Low

| 鉄筋コンクリート | コンクリート | 配筋 | 鉄筋 |

テーマ別 問題を解くためのカギ

ここを覚えれば
問題が解ける！

鉄筋コンクリート

　鉄筋コンクリート構造とは，鉄筋の周囲にコンクリートを流して固めたもので構成された建物で，RC 造と呼ばれている．鉄筋コンクリートには次のような特徴がある．
(1) 主として引張強度が高い鉄筋が引張力を負担し，圧縮強度が高いコンクリートが圧縮力を負担することで丈夫な構造物を作る．
(2) 鉄筋とコンクリートはよく付着し，線膨張係数もほぼ等しい．
(3) コンクリートはアルカリ性であるためコンクリート中の鉄筋はさびにくい．
(4) 耐久性，耐火性に優れている．

鉄筋

　鉄筋は，断面が円形の丸鋼と表面に突起（リブ）のついた異形棒鋼があり，異形棒鋼のほうがコンクリートに対する付着性が良い．鉄筋の切断は，せん断の作用で切断する鉄筋カッターを使うのが一般的である．鉄筋の折曲げは，鉄筋を熱すると強度が低下することがあるので常温で行う．

配筋

　コンクリートの断面中に鉄筋を配置することを配筋という．柱や梁に生じる引張応力には鉄筋が対応する．引張力を負担する鉄筋を主筋という．配筋には，主筋のほかに帯筋，あばら筋などがある．帯筋は，柱の主筋の周囲に一定の間隔で水平に巻き付けた鉄筋で，柱のせん断力に対する補強筋である．あばら筋は，梁の主筋の周囲に一定の間隔で水平に巻き付けた鉄筋で，梁のせん断力に対する補強筋である．鉄筋の継手位置は，応力の小さいところで，かつ圧縮応力が生じている部分に

設ける．鉄筋のかぶり厚さは，いちばん外側にある鉄筋の外側とコンクリートの表面との最短距離で，柱・梁・耐力壁は 3 cm 以上，土に接する部分は 4 cm 以上，基礎は 6 cm 以上（捨てコンクリートを除く）と規定されている．

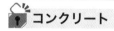

図 1-5-1

コンクリート

　コンクリートは，粗骨材（砂利等），細骨材（砂等），セメント，水，混和剤等を練り混ぜたものであり，圧縮強度が大きく，耐久性・耐火性・耐水性・断熱性・遮音性に優れているが，重量が大きく，引張強度が小さい．また，空気中の二酸化炭素と反応してアルカリ性が低下する．この現象を中性化といい，鉄筋の腐食の原因になる．コンクリートの強度は，水とセメントの水和反応により発現し，時間の経過とともに強度が増大していく．水和反応は温度が高いと活発になるため，養生温度が高いほど強度の発現が早くなる．このように，コンクリート打設後の養生はコンクリート強度に影響する．十分に湿潤状態を保つことが重要で，日光の直射・風雨からコンクリート表面を保護する．

コンクリートの用語

水セメント比	コンクリートに含まれる水とセメントの比を百分率で表したもの．数値が小さくなると強度が高くなる．
ワーカビリティー	コンクリートの打込み時等における作業性の難易度のこと．
スランプ	コンクリートの流動性を数値で表している．スランプの値が大きいほど流動性が高い．
コールドジョイント	先に打ち込まれたコンクリートが固まり，後から打ち込まれたコンクリートが一体化されずにできた継目．
ジャンカ	打設されたコンクリートの一部に粗骨材が集まってできた空隙の多い欠陥．

出題傾向： 出題はほぼ鉄筋コンクリートに関する問題である．鉄筋，コンクリートの強度，養生などが出題されている．

例題

鉄筋コンクリートに関する記述のうち，適当でないものはどれか．

(1) コンクリートはアルカリ性であるため，鉄筋のさびを防止する効果がある．

(2) 鉄筋コンクリートは，主にコンクリートが圧縮力を負担し，鉄筋が引張力を負担する．

(3) 柱の帯筋は，柱のせん断破壊を防止する補強筋である．

(4) 鉄筋とコンクリートの線膨張係数は，大きく異なる．

解説

(1)○ コンクリートがアルカリ性を示すのは，セメント内に含まれる鉱物が水と反応（水和反応）して水酸化カルシウム（$Ca(OH)_2$）が生成されるからである．鉄筋は，酸性雰囲気では酸化されてさびとなるが，アルカリ性雰囲気では，酸化されないため，さびない．

(2)○ コンクリートは圧縮力には強く，鉄筋は引張力に強い．鉄筋コンクリートは，コンクリートと鉄筋が圧縮力と引張力をそれぞれ負担するため，強度が高くなる．

(3)○ 帯筋は柱の主筋の周りに一定の間隔で巻きつけた鉄筋で，役割は二つある．一つは，柱のせん断力に対する補強である．もう一つは，主筋を拘束し，主筋の組立，位置の確保である．

(4)× 鉄筋コンクリートの鉄筋とコンクリートの線膨張係数はほぼ同じであるため，外気温が変化しても2種類の材料が一体となって強度を保つことができる．

〔解答〕 4

出題 1

鉄筋コンクリート造の建築物の鉄筋に関する記述のうち，適当でないものはどれか．

(1) ジャンカ，コールドジョイントは，鉄筋の腐食の原因になりやすい．

(2) 鉄筋のかぶり厚さは，外壁，柱，梁及び基礎で同じ厚さとしなければならない．

(3) あばら筋は，梁のせん断破壊を防止する補強筋である．

(4) コンクリートの引張強度は小さく，鉄筋の引張強度は大きい．

Point

(1) ジャンカ，コールドジョイントはコンクリート打設時に起こる不良部で，この不良部では中性化が進行し，鉄筋の腐食の原因になることがある．

(2) 鉄筋のかぶり厚さは，**壁，床，柱・梁，基礎**の部分ごとに定められている．

(3) あばら筋は，梁のせん断力に対する補強と主筋の位置の確保という役割がある（帯筋は，柱の主筋に巻きつけたもの，あばら筋は，梁の主筋に巻きつけたもの）．

出題 2

鉄筋コンクリート造の建築物の施工に関する記述のうち，適当でないものはどれか．

(1) 夏季の打込み後のコンクリートは，急激な乾燥を防ぐために散水による湿潤を行う．

(2) 型枠の在置期間は，セメントの種類や平均気温によって変わる．

(3) スランプ値が小さいほど，コンクリートの流動性が高くなる．

(4) 水セメント比が大きくなると，コンクリートの圧縮強度が小さくなる．

Point

(1) コンクリートは，打込み後，急激に乾燥するとひび割れの原因となるので，散水などによる湿潤を行う．

(2) 型枠の在置期間も，気温が低いと，強度の発現が遅いので，長くなる．

(3) スランプ値は，コンクリートの軟らかさを表す指標で，この値が大きいと，流動性は高くなる．

(4) 水セメント比が大きくなると，コンクリート強度は低下する．

〔解答〕　出題 1：2　　出題 2：3

空気調和

▶テーマの出題頻度　High ■■■■　Low ■□□□

| 空気調和方式
省エネルギー | 湿り空気線図 | 熱負荷 | 空気清浄装置
エアフィルター |

 テーマ別 問題を解くためのカギ 🔑 ⚡

ここを覚えれば
問題が解ける！

🔒 空気調和方式

　定風量単一ダクト方式，変風量単一ダクト方式についての出題が多い．その他，ダクト併用ファンコイルユニット方式，マルチパッケージ形空調方式などが出題されている．

🔒 省エネルギー

　空調設備計画時の省エネルギーに関する出題である．成績係数，インバータ，外気の取入れ，熱源機器の複数台化など出題内容にあまり統一性はないが，それほど難解な問題も出題されていない．

🔒 湿り空気線図

　冷暖房時の湿り空気線図，湿り空気線図と空気調和システム図に関する問題が出題されている．湿り空気線図を理解しておけば，難しい問題ではない．

🔒 熱負荷

　日射負荷，外気負荷，照明・OA機器による負荷，熱通過率等についての出題があるが，熱負荷を計算させる問題は出題されていない．熱負荷となる要因を理解しておくことが肝要である．

🔒 空気清浄装置・エアフィルター

　フィルターの種類，特性，用途などに関する出題がされている．

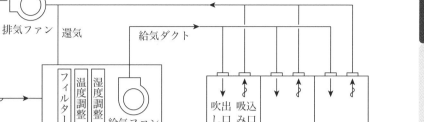

✎ くわしく！

図2-1-1　定風量単一ダクト方式

図2-1-2　変風量単一ダクト方式

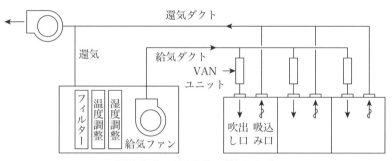

湿り空気線図

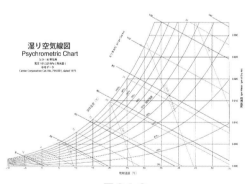

図2-1-3

　湿り空気線図とは，乾球・湿球温度，絶対・相対湿度，エンタルピーなどを記入し，二つの値を求めることにより，湿り空気の状態がわかるようにしたものである．線図の形式としては種々あるが，ここでは，絶対湿度と乾球温度を直交座標にとって描いたものが使われている．

空気調和方式

例　題　変風量単一ダクト方式に関する記述のうち，適当でないものはどれか．

(1) 部屋ごとに個別制御が可能である．

(2) 送風量の減少時においても必要外気量を確保する必要がある．

(3) 定風量単一ダクト方式に比べて搬送エネルギーが大きくなる．

(4) 室内の気流分布が悪くならないように最小風量設定が必要である．

解　説

(1)○　変風量単一ダクト方式は，VAV 方式と呼ばれ，送風温度を一定にして各室ごとの風量制御ユニットにより送風量を変化させる方式である．部屋ごとの個別制御は可能であるといえる．

(2)○　変風量単一ダクト方式は，室内負荷の変動に応じ，吹出量を制御するため，低負荷時には吹出し風量も減少し，外気量も減少する．そのため，必要外気量を確保する必要がある．

(3)×　定風量単一ダクト方式が一定の風量を送風するのに対し，変風量単一ダクト方式は室内負荷に応じて風量を変化させるため，低負荷時には必要風量が減少する．送風機の回転数を制御することにより送風量を低減させる．送風機回転数の制御は当然動力に低減，省エネルギー効果につながる．また，送風機の回転数制御にはインバーターが使われる．

(4)○　室内負荷の減少により吹出量が減少すると，冷房時のコールドドラフト（冷たい下降気流のことで，室内に温度差が生じるため快適性を損なう．冷え性などの身体的不快感を伴うこともある）や気流が停滞するといった問題が発生することがある．このような問題の対処として最小風量の設定が必要になる．

〔解答〕　3

出題 1 定風量単一ダクト方式に関する記述のうち，適当でないものはどれか．

(1) 送風量が多いため，室内の清浄度を保ちやすい．

(2) 各室ごとの部分的な空調の運転・停止ができない．

(3) 換気量を定常的に十分確保できる．

(4) 熱負荷の変動パターンが異なる室への対応が容易である．

Point

定風量単一ダクト方式は，送風空気の温度・湿度を調節して，常に一定風量を各室に送風する方式である．長所として，送風量が多いため，室内の清浄度を保ちやすい．換気量を十分確保できる．留意点として，各室ごとの部分的な運転・停止はできない．熱負荷の変動パターンが異なる室への対応が困難である．将来の用途変更，負荷増などへの対応が困難である．

出題 2 空気調和方式に関する記述のうち，適当でないものはどれか．

(1) 変風量単一ダクト方式は，VAV ユニットの発生騒音に注意が必要である．

(2) ファンコイルユニット・ダクト併用方式を事務所ビルに採用する場合，一般的に，ファンコイルユニットで外気負荷を含む熱負荷全体を処理する．

(3) 定風量単一ダクト方式は，変風量単一ダクト方式に比べて，室内の良好な気流分布を確保しやすい．

(4) 変風量単一ダクト方式は，給気温度を一定にして各室の送風量を変化させることで室温を制御する．

Point

(1) VAV ユニットは各室に設置するため，騒音に注意する必要がある．

(2) ファンコイルユニット・ダクト併用方式では，機械室に設置された空調機には外気負荷と居室の熱負荷の一部を負担させる．ファンコイルユニットはペリメーター部の熱負荷または外皮負荷を処理する．

〔解答〕 出題 1：4　　出題 2：2

縦書き：空気調和　冷暖房　換気

空気調和方式 省エネルギー

例題

空気調和方式に関する記述のうち，適当でないものはどれか．

(1) ダクト併用ファンコイルユニット方式では，空調対象室への熱媒体として空気と水の両方が使用される．

(2) ダクト併用ファンコイルユニット方式は，全空気方式に比べてダクトスペースが大きくなる．

(3) マルチパッケージ形空気調和方式は，屋内機ごとに運転，停止ができる．

(4) マルチパッケージ型空気調和方式には，屋内機に加湿器を組み込んだものがある．

解説

(1)○ ダクト併用ファンコイルユニット方式は，中央機械室に設置された空調機により外気および環り空気を冷却（加熱）してダクトで各室に供給する系統とファンコイルユニット（FC ユニット）と呼ばれる電動機直動送風機・冷温水コイル・フィルタを内蔵したユニットを併用する方式である．FC ユニットは各室に設置され，中央機械室から供給される冷温水で熱処理する．熱媒体としてダクトは空気を，FC ユニットは水を使用する．

(2)× FC ユニットを併用しているため，ダクトによる風量は全空気方式より少ない．したがって，ダクトスペースも小さくなる．

(3)○ マルチパッケージ形空気調和方式は，1 台の屋外ユニットで多数の屋内ユニットに冷媒を供給するものである．室内ユニットごとに冷房，暖房が選択できる方式もあり，それぞれの屋内ユニットごとに運転，停止ができる．

(4)○ 標準的な機種では加湿器は組み込まれていないが，コイルの後ろに自然蒸発式加湿器を組み込んだものがある．

〔解答〕 2

出題 1　空気調和設備の計画に関する記述のうち，省エネルギーの観点から，適当でないものはどれか．
(1)　熱源機器は，部分負荷性能の高いものにする．
(2)　熱源機器を，複数台に分割する．
(3)　暖房時に外気導入量を多くする．
(4)　空気調和機にインバーターを導入する．

Point
(1)　空気調和設備の平均負荷は意外と低く，年間の大部分は部分負荷である．
(2)　例として冷凍機の年間平均負荷率は一般に 40～50 ％程度であり，最高効率で運転するには複数台に分割する．
(3)　外気の取入れ量は，設計時に決定しているが，一般に過大となることが多い．外気導入量の制御は省エネルギーに有効である．
(4)　負荷に応じて送風量を変化させる．インバーターの導入が有効である．

出題 2　空気調和設備の計画に関する記述のうち，省エネルギーの観点から，適当でないものはどれか．
(1)　成績係数が高い機器を採用する．
(2)　予冷・予熱時に外気を取り入れないように制御する．
(3)　ユニット形空気調和機に全熱交換器を組み込む．
(4)　湿度制御のため，冷房に冷却減湿・再熱方式を採用する．

Point
(1)　成績係数とは，空調機器のエネルギー消費効率の目安として使われる係数であり，高いほうが高効率である．
(2)　外気の取入れ量の制御は省エネルギーに有効である．
(3)　全熱交換器は，取入れ外気と排気の間で熱交換するもので，有効である．
(4)　直接，室温を下げずに湿度を下げることはできない．いったん，冷却減湿し，加熱（再熱）を行う．再熱を行うため，省エネルギーとはならない．

（解答）　出題 1：3　　出題 2：4

湿り空気線図

出題傾向： 湿り空気線図と空気調和システムを組み合わせた出題が多い.

例題 居室の温湿度が下図に示す空気線図上にあるとき，窓ガラス表面に結露を生じる可能性が最も低いものはどれか．ただし，窓ガラスの居室側表面温度は 10 ℃とする.

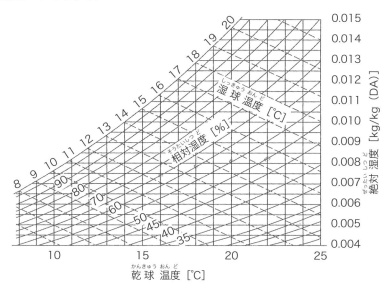

(1) 居室の乾球温度が 22 ℃，相対湿度が 50 %のとき
(2) 居室の乾球温度が 20 ℃，相対湿度が 55 %のとき
(3) 居室の乾球温度が 18 ℃，相対湿度が 60 %のとき
(4) 居室の乾球温度が 16 ℃，相対湿度が 65 %のとき

解　説

　湿り空気線図とは，空気の湿り状態がわかる線図である．湿り空気線図は次のような構成要素から成り立っている．

乾球温度：線図の横軸

湿球温度：右上がりの斜め直線

相対湿度：右上がりの放射状曲線

絶対温度：線図の縦軸

比エンタルピー：斜めに伸びた直線（下図には表していない）

　窓ガラス表面に結露するということは，室内空気が窓ガラスの居室側表面温度に冷却されたときに，飽和湿り空気となって結露するかどうかということである．問題の(1)，(2)，(3)，(4)の点を下図に記載している．ここから温度を下げていくと，絶対湿度は変わらないから，直線を左側に伸ばし飽和湿り空気（相対湿度100 %）の線と交わったところが露点温度となる．図から(1)は11.5 ℃，(2)は11 ℃，(3)は10.5 ℃，(4)は9.5 ℃と読み取れる．問題より窓ガラス温度は10 ℃であるから結露する可能性が最も低いのは(4)となる（露点温度が10 ℃に満たない）．

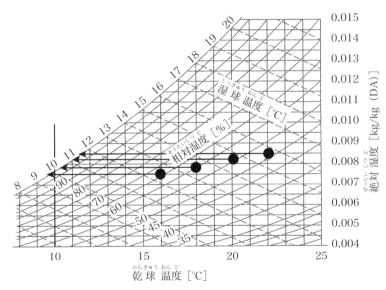

〔解答〕　4

空気調和

冷暖房

換気

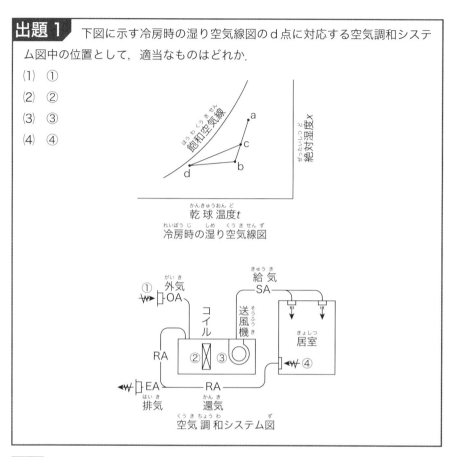

出題 1 下図に示す冷房時の湿り空気線図のd点に対応する空気調和システム図中の位置として，適当なものはどれか．

(1) ①
(2) ②
(3) ③
(4) ④

冷房時の湿り空気線図

空気調和システム図

Point

　状態点aは①の位置で，導入外気の温湿度状態を示している．温度，湿度ともに最も高い状態である．

　状態点bは④の位置で，還気すなわち室内の温湿度状態（設計条件）である．

　状態点cは②の位置で，導入外気と還気が混合された状態を示す．aとbを結んだ直線上にある．

　状態点dは③の位置で，空気調和機のコイルで冷却された空気の温湿度状態を示している．乾球温度と絶対湿度が最も低い状態である．

〔解答〕 出題 1：3

出題2 暖房時の湿り空気線図のA点に対応する空気調和システム図上の位置として，適当なものはどれか．

(1) ①

(2) ②

(3) ③

(4) ④

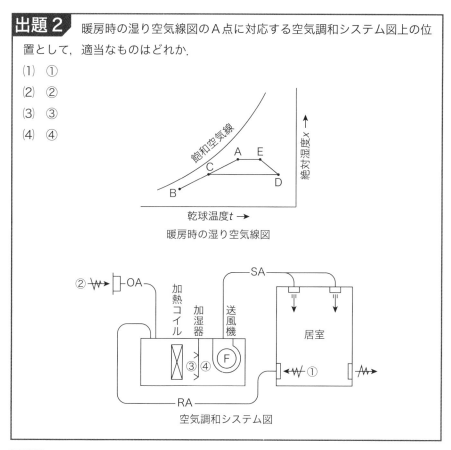

暖房時の湿り空気線図

空気調和システム図

Point

状態B点は②の導入外気の温湿度状態を示している．

状態A点は①の室内還気の温湿度状態を示している．

状態C点は導入外気と還気が混合された状態を示している．

状態D点は③の空気調和機で加熱された空気の温湿度状態を示している．

状態E点は④の加湿された吹出空気の温湿度状態を示している．

〔解答〕 出題2：1

空気調和

冷暖房

換気

熱負荷

出題傾向： 日射，外気，OA機器等の熱負荷，窓ガラス，構造体等の熱通過率に関する出題が多い．

例題 冷房の熱負荷に関する記述のうち，適当でないものはどれか．

(1) 窓ガラス面からの熱負荷を計算するときは，ブラインドの有無も考慮する．

(2) OA機器による熱負荷は，顕熱と潜熱がある．

(3) 日射負荷は，顕熱のみである．

(4) 人体による熱負荷は，作業形態と室温によって異なる．

解説

(1)○ ガラス面からの熱負荷は，室外の温度差による通過熱（q_{g1}）と透過する太陽日射熱（q_{g2}）に分けて計算する．ガラス面負荷 $q_g = q_{g1} + q_{g2}$ となる．

　ブラインドの有無が関係するのは，ガラス面日射熱で，ブラインドを使用すると小さくなる．通常，日射の当たる窓にはブラインドが閉まっているものとして算出する．

(2)× 室内における事務機やOA機器は電力を消費し熱が発生し，室内負荷となる．OA機器が発する熱は当然顕熱である．水分の蒸発等は伴わないので潜熱の発生はない．

(3)○ 日射熱の影響を受ける構造体を通過する熱負荷や窓ガラスを通過する熱負荷では，水分はないものとしているので，顕熱のみである．

(4)○ 人間の代謝機能に基づく熱放射は，室内における熱負荷となる．人体からの熱負荷は，体表面および肺臓からの対流，放射，水分蒸発によるもので，顕熱と潜熱がある．室内で人が作業する場合，作業形態による活動量の増減により熱負荷は変動する．また，室温が変わっても全発熱量は，ほとんど変化はないが，顕熱と潜熱の割合が変わってくる．室温が上がるほど，潜熱の占める割合が大きくなる．

〔解答〕　2

出題 1　熱負荷に関する記述のうち，適当でないものはどれか．

(1) 二重サッシ窓では，ブラインドを室内に設置するより，二重サッシ内に設置する方が，日射負荷は小さくなる．

(2) 構造体の構成材質が同じであれば，厚さの厚い方が熱通過率は小さくなる．

(3) 顕熱比（SHF）とは，潜熱に対する顕熱負荷の割合をいう．

(4) 暖房負荷計算では，一般に，日射負荷は考慮しない．

Point

(1) ブラインドの遮蔽係数はおおよそ 0.54 である．二重サッシに中間ブラインドを設ける場合は，遮蔽係数はおおよそ 0.29 になる．

(2) 題意のとおりである．

(3) 顕熱比は**全熱負荷に対する顕熱負荷の割合**のことである．

(4) 日射負荷は，室温を上昇させる要因であるため，冷房負荷計算では見込まなければならないが，暖房時には安全側に働くため，考慮しないのが一般的である．

出題 2　冷房時の熱負荷に関する記述のうち，適当でないものはどれか．

(1) 日射負荷には，顕熱と潜熱がある．

(2) 外気負荷には，顕熱と潜熱がある．

(3) 照明器具による熱負荷は，顕熱のみである．

(4) 窓ガラス面の通過熱負荷計算では，一般に，内外温度差を使用する．

Point

(1) 日射負荷では水分を考慮しないので，**顕熱だけ**である．

(2) 外気負荷には，室内外の温度差による顕熱負荷と，外気と室内空気の絶対湿度の差による潜熱負荷がある．

(3) 照明器具による熱負荷は，水分の蒸発はないので顕熱負荷のみである．

(4) 窓ガラス面の熱負荷は，ガラス面内外の温度差による通過熱負荷と太陽の放射熱による透過日射熱負荷である．このうち通過熱負荷は内外温度差を使用する．

〔解答〕　出題 1：3　　出題 2：1

空気清浄装置
フィルター

出題傾向： 空気清浄装置のろ過の構造，ろ材，フィルターの種類に関する出題である．

例 題
空気清浄装置の記述のうち，適当でないものはどれか．

(1) ろ材の特性の一つとして，粉じん保持容量が小さいことが求められる．

(2) 自動巻取形は，タイマー又は前後の差圧スイッチにより自動的に巻取が行われる．

(3) 静電式は，比較的微細な粉じん用に使用される．

(4) 圧力損失は，上流側と下流側の圧力差で，初期値と最終値がある．

解 説

(1)× ろ材の特徴として，一度捕集した粉じんをろ材に留めておく性能が高いほうが良い．粉じんの保持容量が大きいことが求められる．

(2)○ 自動巻取形は，ロール状のろ材を自動で巻き取るもので，長時間使用でき，フィルター交換作業が軽減される．保守管理が楽なため業務系の空気清浄装置に広く使われている．巻取の制御は，タイマー式，前後の差圧式のほかタイマーと差圧の切替式や併用式がある．

(3)○ 静電式は，微細な粉じんを荷電部で帯電させ，集じん部に付着させ粗粒化した後捕集する．

(4)○ 圧力損失は，空気清浄機の上流側と下流側の圧力差である．初期値と最終値があり，フィルター掃除や交換の目安になる．例えば，最終値が初期値の2倍になったらフィルター掃除や交換を実施するなどである．

〔解答〕 1

出題1 エアフィルターの「種類」と「主な用途」の組合せのうち，適当でないものはどれか．

	（種類）	（主な用途）
(1)	活性炭フィルター ―――――	屋外粉じんの除去
(2)	電気集塵器 ――――――――	屋内粉じんの除去
(3)	HEPA フィルター ―――――	クリーンルーム用
(4)	自動巻取形 ―――――――	一般空調用

Point

(1) 活性炭は，多孔質で内部の表面積が広く脱臭性が高い．主に**有機系ガスの吸着**に汎用的に利用されている．

(2) 電気集じん機は，屋内の微細な粉じん除去に用いられる．

(3) HEPA フィルターは，ガラス繊維ろ紙を何重にも蛇腹式に織り込んだもので，微細な粉じんが捕集でき，クリーンルームの換気装置に使われる．

(4) 自動巻取形は保守点検の手間が軽減されるため一般空調用として使用される．

出題2 ろ過式エアフィルターのろ材に求められる特性として，適当でないものはどれか．

(1) 空気抵抗が小さいこと．

(2) 難燃性又は不燃性であること．

(3) 腐食及びカビの発生が少ないこと．

(4) 吸湿性が高いこと．

Point

ろ過式エアフィルターのろ材に求められる特性としては

(1) 空気抵抗が小さい

(2) 難燃性または不燃性である

(3) 腐食，カビの発生が少ない

(4) **吸湿性が低い**

ことなどが挙げられる．

〔解答〕　出題1：1　　出題2：4

— **分野 DATA** —
- 出題数 ……………… 2
- 回答数 ……………… 2
- 出題区分 ……… 選択問題

▶テーマの出題頻度　High ■■■■▷　Low ■□□□▷

| 温水暖房 パッケージ形空調機 放射暖房 | 吸収冷凍機 吸収冷温水機 膨張タンク | コールドドラフト | 蒸気暖房 |

テーマ別 問題を解くためのカギ 🔑

> ここを覚えれば 問題が解ける!

🔓 温水暖房

温水暖房は，温水ボイラ，温水循環ポンプ，放熱器，膨張タンクおよび配管で構成される．温水を暖房に利用する場合は，温水温度は 50〜80 ℃で放熱器での温度降下は 5〜20 ℃程度で使用される．

🔓 膨張タンク

装置内の温度変化による水の膨張収縮で装置内の圧力が変動する．その圧力変動を吸収する目的で膨張タンクが組み込まれる．膨張タンクには，密閉式と開放式がある．

🔓 ヒートポンプパッケージ形空調機

パッケージ形空調機とは，室外ユニットと室内ユニットを熱媒体配管で結び，熱媒体を圧縮，膨張させて冷暖房を行うものである．熱媒体は圧縮すると高温になり，膨張させると低温になる．このとき，外気や水と熱交換して効率を高める機器がヒートポンプである．

🔓 放射暖房

放射暖房は，天井，床，壁や室内パネルを加熱し，放射熱伝達を利用して暖房するもので，上下温度差の少ない暖房方式である．熱媒体としては，温水，蒸気，温風，電熱線等がある．温水を熱媒体として使用する場合は，水損事故のリスクがあるため，配管系統の適切な分割が必要である．

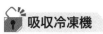

吸収冷凍機

　吸収冷凍機は，吸収力の高い液体に冷媒を吸収させて発生する低圧によって冷媒を気化させ低温を得るものである．冷媒・吸収液として，水・臭化リチウム，アンモニア・水を使用したものがある．吸収冷凍機は圧縮冷凍機と比較して電力の消費量が少ない等の特徴がある．

直だき吸収冷温水機

　ガス・灯油・重油・木質ペレット等をバーナーで燃焼させ再生器を直接熱するものである．冷水と温水を別々にまたは同時に取り出すことができ，ボイラと冷凍機を設置する場合と比較して設置面積が小さくなる．

コールドドラフト

　コールドドラフトとは，暖房時に温かい空気は軽くなり天井付近に溜まっていき，冷たい空気は上昇する温かい空気に追いやられ下降し，足元が冷たくなる．これがコールドドラフト現象である．コールドドラフトの防止策が必要になる．

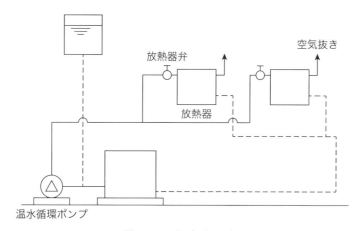

図 2-2-1　温水暖房の例

出題傾向: 毎回 0〜1 問出題されている．温水暖房の基本的な特徴についての出題がほとんどで，それほど難解ではない．

例 題 温水床パネル式の低温放射暖房に関する記述のうち，適当でないものはどれか．

(1) 室内空気の上下温度むらにより，室内気流を生じやすい．

(2) 放射器や配管が室内に露出しないので，火傷などの危険性が少ない．

(3) 放射パネルの構造によっては，パネルの熱容量が大きく放射量の調整に時間がかかる．

(4) 室内空気温度を低く設定しても，平均放射温度を上げることにより，ほぼ同様の温熱感が得られる．

解 説

温水床パネル式の低温放射暖房は，40〜60 ℃の温水をパネルに埋設して暖房するものである．床の表面温度は体温より低い 30 ℃程度である．

(1)× 室内空気の温度むらが室の上下方向で少なく，気流が生じにくいので快適性に優れている．

(2)○ 放射器や配管は床に埋設されていて，露出していないので火傷等の危険性は少ない．温水の温度も低温であるため火傷の危険性は少ない．また，温水配管が埋設されているので，水損事故のリスクがある．

(3)○ パネルの熱容量が大きく，立ち上がり時間が長くなる．また，放射量の調整に時間がかかる．

(4)○ 平均放射温度とは，周囲の全方向から受ける熱放射を平均化した温度表示のことである．低温放射暖房の長所として，室内空気温度を低く設定しても，周囲から受ける熱放射により室内空気温度を上げたときと同様の温熱感が得られる．つまり，平均放射温度を上げることにより，ほぼ同様の温熱感が得られる．

〔解答〕 1

出題 1

温水暖房設備の特徴に関する記述のうち，適当でないものはどれか．

(1) 配管径は，一般的に，蒸気暖房に比べて小さくなる．

(2) 室内の温度制御は，蒸気暖房に比べて容易である．

(3) ウォーミングアップにかかる時間は，蒸気暖房に比べて長い．

(4) 配管の耐食性は，一般的に，蒸気暖房に比べて優れている．

Point

(1) 温水暖房は，熱媒体の温度が蒸気暖房より低いので，放熱面積は大きくなる．**配管径も大きくなる．**

(2) 放熱器の入口弁の調整により循環温水量を調整することができ，温度制御は，比較的容易にできる．

(3) 装置の熱容量が大きいため，ウォーミングアップに時間がかかる．

(4) 蒸気配管はエロージョンやコロージョンによる配管損傷が懸念される．

出題 2

放熱器を室内に設置する直接暖房方式に関する記述のうち，適当でないものはどれか．

(1) 暖房用自然対流・放射形放熱器には，コンベクタ類とラジエータ類がある．

(2) 温水暖房のウォーミングアップにかかる時間は，蒸気暖房に比べて長くなる．

(3) 温水暖房の放熱面積は，蒸気暖房に比べて小さくなる．

(4) 暖房用強制対流形放熱器のファンコンベクタには，ドレンパンは不要である．

Point

(1) 放熱器の種類は，コンベクタ類とラジエータ類がある．

(4) ファンコンベクタは，室外の熱源機で加熱された温水または蒸気を配管で室内に引き込み，ファンで室内に送風する．エレメント，送風機，エアフィルターなどから構成されていて，熱源部がないので凝縮水は出ない．ドレンパンは不要である．

〔解答〕 出題 1：1 　　出題 2：3

温水暖房 2

例 題 温水暖房における膨張タンクに関する記述のうち，適当でないもの
はどれか.

(1) 密閉式膨張タンクは，配管系の最上部に設ける必要がある.

(2) 開放式膨張タンクに接続する膨張管は，ポンプの吸込み側の配管に接続す
る.

(3) 密閉式膨張タンクを用いる場合は，安全弁などの安全装置が必要である.

(4) 開放式膨張タンクは，装置内の空気抜きとして利用できる.

解 説

　水を加熱すると膨張し系内の圧力が上昇する. 圧力上昇は，機器や配管が破損す
る原因になることがある. 系内の圧力上昇を抑制するために設けられるのが膨張タ
ンクである. 膨張タンクには，開放式と密閉式がある.

(1)×　開放式膨張タンクは，大気に開放されているので，温水があふれ出ないよう
　　　に最上部にある配管より 1～2 m 高い位置に設ける必要がある. 密閉式膨張タ
　　　ンクは，ダイヤフラム式とブラダー式があり，水室と空気室をダイヤフラムま
　　　たはブラダーで仕切り，空気を圧縮することで温水の膨張を吸収する構造に
　　　なっている. また，密閉された構造なので，配管系の任意の高さに取り付ける
　　　ことができる.

(2)○　開放式膨張タンクに接続する膨張管は，系内の正圧を保つために，ポンプの
　　　吸込み側の配管に接続する. ポンプの吐出側に膨張管を設けた場合は，負圧に
　　　なる部分ができてしまう.

(3)○　密閉式膨張タンクは，(1)に記載のとおりタンク内の空気を圧縮して，膨張量
　　　を吸収している. 配管系の異常な圧力上昇に対応するため，安全弁等の安全装
　　　置が必要である.

(4)○　開放式膨張タンクの水面は，大気に開放されているので，装置内の空気抜き
　　　としても利用できる.

〔解答〕 1

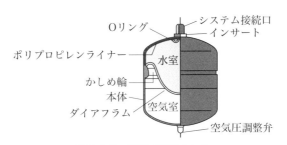

図2-2-2 密閉式膨張タンク

出題1 温水暖房における膨張タンクに関する記述のうち，適当でないものはどれか.

(1) 開放式膨張タンクの容量は，装置全水量の膨張量から求める.

(2) 開放式膨張タンクにボイラーの逃がし管を接続する場合は，メンテナンス用バルブを設ける.

(3) 密閉式膨張タンクは，一般的に，ダイヤフラム式とブラダー式が用いられる.

(4) 密閉式膨張タンク内の最低圧力は，装置内が大気圧以下とならないように設定する.

Point

開放式膨張タンクの容量は，膨張量吸収分の1.5～2倍程度にとっている.

ボイラーに，安全弁に替えて逃がし管を接続する場合は，その途中にバルブを設けてはならない.

密閉式膨張タンクを使用した装置内の最低圧力が大気圧以下にならないように設定する.タンク内の最低圧力も大気圧以下とならないように設定する.

〔解答〕 出題1：2

吸収冷凍機
吸収冷温水機

例 題

吸収冷凍機に関する記述のうち，適当でないものはどれか．

(1) 機内が大気圧以下であり，圧力による破壊等のおそれがない．

(2) 圧縮冷凍機に比べて回転数が少なく，振動及び騒音が小さい．

(3) 電力消費量は，遠心冷凍機に比べ大きい．

(4) 法令上の運転資格が不要である．

解 説

吸収冷凍機は，水の次のような性質を利用して，冷媒として使っている．

① 密閉容器の中で，水蒸気（気体）が吸収液に吸収されると体積が減少して低圧になる．

② 水は大気圧では 100 ℃で沸騰蒸発するが，1/100 気圧ほどの低圧になると 6.5 ℃で蒸発する．

上記を理解したうえで，吸収冷凍機の四つのサイクルを理解する．①蒸発器で低温の水が蒸発して熱を奪う（冷房）．②吸収器で吸収液（臭化リチウム）が水蒸気を吸収し低圧を得る．③再生器で吸収液を加熱し，水蒸気を分離する．④凝縮器で水蒸気は冷却水で冷やされ水に戻る．再び蒸発器へ送られる．

(1)○ 機内は低圧で運転される．したがって，内圧によって破壊するおそれはない．

(2)○ 圧縮冷凍機は，圧縮機で圧縮した冷媒が気化する吸熱を利用するため圧縮機と電動機が必要であり，振動・騒音が出る．吸収冷凍機は，わずかな動力しか使わないので，振動・騒音は少ない．

(3)× 水の状態変化を利用しているので，圧縮機は必要がない．そのため，電力消費量は少ない．

(4)○ 機内圧力が外部より低いため，圧力容器・ボイラーとはならず，運転に資格が不要である．ただし，熱源として蒸気・高温水ボイラーを使用する場合は，その資格が必要である．

〔解答〕 3

出題 1

吸収冷温水機の特徴に関する記述のうち，適当でないものはどれか．

(1) 木質バイオマス燃料の木質ペレットを燃料として使用する機種もある．

(2) 立ち上がり時間は，一般的に，圧縮式冷凍機に比べて短い．

(3) 運転時，冷水と温水を同時に取り出すことができる機種もある．

(4) 二重効用吸収冷温水機は，一般的に，取扱いにボイラー技士を必要としない．

Point

(1) 再生機の加熱用燃料として，ガス，油，木質バイオマス燃料などが使われる．

(2) 冷媒の蒸発，再生というプロセスがあり，圧縮冷凍機に比べて**立ち上がり時間は長い**．

(3) 冷水と温水を別々に，または同時に取り出すことができる．

(4) 高温再生機内の圧力が大気圧以下であるため，ボイラー技士を必要としない．

出題 2

直だき吸収冷温水機の冷房運転時の特徴に関する記述のうち，適当でないものはどれか．

(1) 運転時の振動は，圧縮式冷凍機に比べて小さい．

(2) 立上がり時間は，一般的に，圧縮式冷凍機に比べて長い．

(3) 電力消費量は，圧縮式冷凍機に比べて大きい．

(4) 冷却塔の能力は，圧縮式冷凍機に比べて大きくなる．

Point

　直だき吸収冷温水機は二重効用吸収冷温水機の再生機の加熱源である蒸気，高温水に替えて，ガス等を燃焼させて加熱するもので，圧縮式冷凍機に比べて

(1)運転時の振動が少ない．(2)立ち上がり時間が長い．(3)電力消費量は少ない．(4)冷却塔の能力は大きくなる．

など，吸収冷温水機の特徴と変わらない．

〔解答〕　出題 1：2　　出題 2：3

パッケージ形空調機

出題傾向: ヒートポンプパッケージ形空気調和機の特徴についての出題が多く，同じような内容で出題されている．

例題 パッケージ形空気調和機に関する記述のうち，適当でないものはどれか．

(1) ガスエンジンヒートポンプ方式は，暖房運転時にガスエンジンの排熱が利用できる．

(2) 空気熱源ヒートポンプ方式では，冷媒配管の長短は能力に影響しない．

(3) ヒートポンプ方式のマルチパッケージ形空気調和機には，屋内機ごとに冷房運転又は暖房運転の選択ができる方式がある．

(4) ヒートポンプ方式には，空気熱源ヒートポンプ方式と水熱源ヒートポンプ方式がある．

解説

　パッケージ形空気調和機は，1台の室外機と1台の室内機を冷媒配管で接続するセパレート形の空調機である．

(1)○　ガスエンジンヒートポンプ方式は，圧縮機の駆動にガスエンジンを使うもので，基本的な仕組みは電動式のものとほぼ同じであるが，ガスエンジンの高温の排ガスや冷却水からの排熱を有効利用している．排熱を利用するため，冷房能力より暖房能力のほうが大きい．

(2)×　室内機と室外機を接続する冷媒配管は，高低差が大きくなるほど，配管長が長くなるほど能力は低下する．高低差が大きすぎると，揚程が過大になり最高部へ到達する前にフラッシュガスが発生し，運転に支障をきたす．配管長が長すぎると配管内の圧力損失が大きくなり能力が低下する．

(3)○　マルチパッケージ形空気調和機は，1台の室外機と複数台の室内機を結び，必要とする冷媒を各室内機に分流させ，冷暖房を行うものである．室内機ごとに冷房運転，暖房運転が選択できる．

(4)○　圧縮機で圧縮された冷媒は高温になり，放熱し，暖房に供する．放熱し終わった冷媒は急激に圧力を下げられることにより温度が低下し，外気や水の温度より低くなる．この低温になった冷媒は空気や水と熱交換し吸熱する．吸熱した冷媒は再び圧縮機で圧縮される．これが，ヒートポンプの原理である．熱

源は空気，水がある．

〔解答〕　2

出題 1　空冷ヒートポンプパッケージ形空気調和機に関する記述のうち，適当でないものはどれか．

(1) 屋外機と屋内機の設置場所の高低差には制限がある．

(2) 暖房運転において，外気温度が低いときには屋外機コイルに霜が付着することがある．

(3) 冷房の場合，外気温度が高いほど成績係数が向上する．

(4) ガスエンジンヒートポンプ方式は，圧縮機の駆動機としてガスエンジンを使用するものである．

Point

(2) 外気温が低いと，空気熱交換器の表面に霜が付着するため吸熱できなくなる．除霜の方法としては，冷房サイクルに切り換えて熱交換器に高温のガスを流して除霜する．

(3) 外気温が高いほど，室内温度が低いほど成績係数は小さくなる．

出題 2　パッケージ形空気調和機に関する記述のうち，適当でないものはどれか．

(1) ガスエンジンヒートポンプ方式は，一般的に，デフロスト運転は不要である．

(2) インバーター制御のものは，高調波対策を考慮する必要がある．

(3) 冷暖房能力は，外気温度，冷媒管長，屋外機と屋内機の設置高低差等により変化しない．

(4) 省エネルギー性能の評価指数には，APF（通年エネルギー消費効率）がある．

Point

(1) エンジン排熱を利用するため，寒冷地でも除霜はほとんど必要ない．

(2) インバーターを内蔵した機器は，他の電気電子機器に高調波障害を与えることがある．

(4) APF（Annual Performance Factor）は JIS C9612 に基づき，省エネルギー性能を表したもの．

〔解答〕　出題 1：3　　出題 2：3

▶テーマの出題頻度　High ■■■■□ Low ■□□□□

換気方式	必要換気量	換気口の開口面積	中央管理方式
■■■■□	■■■□□	■■□□□	■□□□□

テーマ別 問題を解くためのカギ

ここを覚えれば
問題が解ける！

🔑 必要換気量

必要換気量の計算式についての問で，次の 2 項目が出題されている.

① 令第 20 条の 2 に特殊建築物の居室に設ける換気設備について記載がある. 機械換気設備について有効換気量は，次の式によって計算した数値以上とすること.

$$V=20Af/N$$

この式において，V，Af，および N は，それぞれ次の数値を表すものとする.

V：有効換気量 $[m^3/h]$，Af：居室の床面積 $[m^2]$，N：実況に応じた 1 人当たりの占有面積 $[m^2]$.

② 令第 20 条の 3 に床面積の合計が 100 m^2 を超える住宅の調理室について記載がある.

排気口または排気筒に換気扇等を設ける場合は $V=40KQ$

煙突に換気扇等を設ける場合は $V=2KQ$

排気フードを有する排気筒に換気扇を設ける場合は $V=NKG$

この式において，V：有効換気量，K：燃料の単位燃焼量当たりの理論廃ガス量 $[m^3/(kW·h)]$，Q：火を使用する設備または器具の実況に応じた燃料消費量 $[kW]$，N：排気フード I 型の場合 30，II 型の場合 20

🔑 換気口の開口面積

室を換気扇で換気する場合の給気口の寸法を問われている. 給気口の開口面積を求める式を覚えておく.

$$A=Q/3\,600·v·\alpha$$

この式において，A：開口面積，Q：換気扇の風量 $[m^3/h]$，
v：有効開口面風速 $[m/s]$，α：有効開口率 $[\%]$

換気方式

　換気方式には，自然換気と機械換気がある．自然換気は，機械力を用いず，風力や温度差による浮力によって換気をする方式である．機械換気は，送風機によって強制的に換気を行うもので，次表の方式がある．

第一種機械換気方式	給気側と排気側にそれぞれ専用の送風機を設ける．最も確実な換気が期待でき，無窓の居室や，実験室，ボイラ室等に設置される．
第二種機械換気方式	給気側にだけ送風機を設け，排気は正圧になった分だけ排気口から排出する．
第三種機械換気方式	排気側だけに送風機を設けて室内を負圧にして換気する．便所や浴室等に設けられる．

中央管理方式の空気調和設備

　中央管理方式の空気調和設備の基準（令第 20 条の 2）

浮遊粉じん量	$0.15 \ \text{mg/m}^3$ 以下
一酸化炭素の含有率	10/100 万以下
炭酸ガスの含有率	1 000/100 万以下
温度	17 ℃以上 28 ℃以下
相対湿度	40 ％以上 70 ％以下
気流	0.5 m/s 以下

空気調和

冷暖房

換気

有効換気量

例 題 特殊建築物の居室に機械換気設備を設ける場合，有効換気量の最小値を算出する式として，「建築基準法」上，正しいものはどれか．

ただし，

V：有効換気量 [m²/h]

Af：居室の床面積 [m²]

N：実況に応じた 1 人当たりの占有面積 [m²]

とする．

(1) $V=10Af/N$

(2) $V=20Af/N$

(3) $V=50Af/N$

(4) $V=100Af/N$

解 説

建築基準法施行令第 20 条の 2 により，有効換気量は次式によって計算した数値以上とする．

$$V=20Af/N$$

V：有効換気量 [m³/h]

Af：居室の床面積 [m²]

N：実況に応じた 1 人当たりの占有面積 [m²]（特殊建築物にあっては，3 を超えるときは 3 と，その他の居室にあっては，10 を超えるときは 10 とする．）

式中の (Af/N) は，居室の床面積を 1 人当たりの占有面積で割っているので，在室人数を表していることになる．有効換気量 V は，在室人数に 20 を掛けている．つまり，1 人当たりの供給されるべき外気量を 1 時間当たり 20 m³ としていることになる．

したがって，(2)が正しい．

〔解答〕 2

出題 1 　床面積の合計が 100 m² を超える住宅の調理室に設置するこんろの上方に，下図に示すレンジフード（排気フード I 型）を設置した場合，換気扇等の有効換気量の最小値として，「建築基準法」上，正しいものはどれか．

ただし，K：燃料の単位燃焼量当たりの理論廃ガス量 $[m^3/(kW \cdot h)]$

Q：火を使用する設備又は器具の実況に応じた燃料消費量 $[kW]$

(1)　$2KQ$ $[m^3/h]$

(2)　$20KQ$ $[m^3/h]$

(3)　$30KQ$ $[m^3/h]$

(4)　$40KQ$ $[m^3/h]$

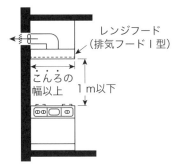

レンジフード（排気フード I 型）

こんろの幅以上　1 m 以下

Point

　ポイントとなるキーワードは，①床面積が 100 m² を超える②レンジフード③排気フード I 型である．　床面積 100 m² 以下の住宅では換気設備の設置義務がない．排気フード（レンジフード）がない場合は，$V=40KQ$．排気フード I 型の場合 $V=30KQ$，II 型の場合 $V=20KQ$．煙突に換気扇を設ける場合 $V=2KQ$．令和元年度前期に排気フードがない問題が出題されている．

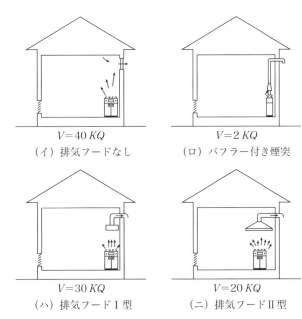

$V=40\ KQ$
（イ）排気フードなし

$V=2\ KQ$
（ロ）バフラー付き煙突

$V=30\ KQ$
（ハ）排気フード I 型

$V=20\ KQ$
（ニ）排気フード II 型

図 2-3-1

〔解答〕　出題 1：3

換気口の開口面積

出題傾向： 換気扇で換気する場合の給気口の面積の計算で，令和2年と4年に出題されている．

例 題

図に示す室を換気扇で換気する場合，給気口の寸法として，適当なものはどれか．

ただし，換気扇の風量は 360 m³/h，給気口の有効開口率は 40 %，有効開口面風速は 2 m/s とする．

(1)　250 mm×250 mm

(2)　350 mm×250 mm

(3)　450 mm×250 mm

(4)　500 mm×250 mm

解 説

給気口の面積を求める式は

$$A = Q/3\,600 \cdot v \cdot \alpha$$

この式において，A：開口面積［m²］，Q：換気扇の風量［m³/h］，v：有効開口面風速［m/s］，α：有効開口率［%］

題意より，$Q=360$，$v=2$，$\alpha=0.4$ を代入する．

$$A = 360/3\,600 \times 2 \times 0.4 = 0.125 \text{ m}^2$$

$$0.125 \text{ m}^2 = 125\,000 \text{ mm}^2$$

問題の(1)は 62 500 mm²，(2)は 87 500 mm²，(3)は 112 500 mm²，(4)は 125 000 mm²．

したがって，(4)の 500 mm×250 mm が正解である．

〔解答〕　4

出題 1 図に示すような室を換気扇で換気する場合，給気口の寸法として，適当なものはどれか．

ただし，換気扇の風量は 720 m³/h，給気口の有効開口面風速は 2 m/s，給気口の有効開口率は 30 % とする．

(1) 600 mm×400 mm
(2) 700 mm×400 mm
(3) 700 mm×500 mm
(4) 800 mm×600 mm

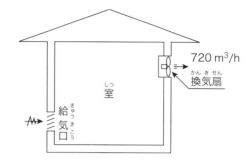

Point

給気口の面積を求める式は

$$A=Q/3\,600\cdot v\cdot \alpha$$

この式において，A：開口面積［m²］，Q：換気扇の風量［m³/h］，v：有効開口面風速［m/s］，α：有効開口率［%］

題意より，$Q=720$，$v=2$，$\alpha=0.3$ を代入する．

$$A=720/3\,600\times2\times0.3\fallingdotseq0.33\ \mathrm{m}^2$$

$$0.33\ \mathrm{m}^2=330\,000\ \mathrm{mm}^2$$

問題の(1)は 240 000 mm²，(2)は 280 000 mm²，(3)は 350 000 mm²，(4)は 480 000 mm²．

330 000 mm² より大きくて，近いのは(3)の 350 000 mm² である．

〔解答〕 出題 1：3

機械換気

例 題 換気に関する記述のうち, 適当でないものはどれか.

(1) 第三種機械換気方式では, 換気対象室は負圧となる.

(2) 第二種機械換気方式は, 他室の汚染した空気の侵入を嫌う室や, 燃焼空気を必要とする室の換気に適している.

(3) 臭気, 燃焼ガスなどの汚染源の異なる換気は, 各々独立した換気系統とする.

(4) 局所換気は, 汚染質を汚染源の近くで捕捉する換気で, 全般換気に比べて換気量を多くする必要がある.

解 説

(1)○ 第三種機械換気方式は, 排気側だけに送風機を設けて換気するもので, 室内は負圧になる. 給気は, 負圧に見合う量が換気口から流入する. 便所や浴室等のように臭気や水蒸気が室内に拡散するのを防止するのに有効である.

(2)○ 第二種機械換気方式は, 給気側だけに送風機を設けて換気するもので, 室内は正圧になる. 排気は, 室内が正圧になった分だけ排気口から排出する. 室内は正圧となるため他室から空気の流入が少ない.

(3)○ 汚染源の異なる換気を同一系統にすると, 臭気やガス等が逆流するおそれがある. 臭気・燃焼ガス・有毒ガス・水蒸気等, 汚染源の異なる換気はそれぞれ独立としなければならない.

(4)× 局所換気は, 室全体でなく汚染源の近くで汚染質を捕捉し換気するもので, 厨房・工場・実験室等の汚染源が固定している場合に適用される. 換気量は全体換気に比べて少ない.

〔解答〕 4

出題 1 次の室のうち，第三種機械換気方式を用いることが，適当でないものはどれか．

⑴　便所
⑵　ボイラー室
⑶　浴室
⑷　更衣室

Point

第三種機械換気方式は，排気側のみに送風機を設けるため，室は負圧になる．

⑴　便所は臭気が他の室に逃げないように負圧のほうがよい．
⑵　**ボイラー室は燃焼空気の供給と熱の発散ができる第一種または第二種機械換気方式を用いる．**
⑶　浴室は湿気が他の室に逃げないように負圧がよい．
⑷　更衣室は臭気が他の室に逃げないように負圧がよい．

出題 2 換気に関する記述のうち，適当でないものはどれか．

⑴　第一種機械換気方式では，換気対象室内の圧力の制御を容易に行うことができる．
⑵　第二種機械換気方式では，換気対象室内の圧力は正圧となる．
⑶　第三種機械換気方式では，換気対象室内の圧力は負圧となる．
⑷　温度差を利用する自然換気方式では，換気対象室のなるべく高い位置に給気口を設ける．

Point

⑴　第一種機械換気方式は，給気側・排気側それぞれに送風機を設け給排気を行う．最も確実な換気が期待でき，室内の圧力の制御も容易に行うことができる．
⑷　温度差を利用する自然換気方式は，室内の温度が室外の温度よりも高いときに生じる浮力を利用して換気するもので，**給気口は室のなるべく低い位置に設け，**給気口と排気口の高さの差を大きくとる．

〔解答〕　出題 1：2　　出題 2：4

換気設備

例 題 換気設備に関する記述のうち，適当でないものはどれか．

(1) 換気回数とは，排気量を全容積で除したものである．

(2) 必要換気量とは，室内の汚染質濃度を許容値以下に保つために循環する空気量をいう．

(3) 自然換気には，風力によるものと温度差によるものがある．

(4) シックハウスを防ぐには，室内の TVOC（総揮発性有機化合物の濃度）を低く保つ必要がある．

解 説

(1)○ 換気回数の単位は，［回/時］で表される．単位時間当たり，室の容積の何倍の空気を取り入れたかを示しており，単位時間当たりの排気量を室の容積で除すれば換気回数が求められる．

(2)× 必要換気量とは，室内を適正な空気状態に保つために**導入する外気量**をいう．

(3)○ 自然換気とは，給気口と排気口を有し，風力または温度差による浮力によって室内の空気を屋外に排出するものである．

(4)○ シックハウスを防ぐには室内の TVOC を低く保つ必要がある．

〔解答〕 2

出題 1　換気設備に関する記述のうち，適当でないものはどれか．

(1)　汚染度の高い室を換気する場合の室圧は，周囲の室より高くする．

(2)　汚染源が固定していない室は，全体空気の入替えを行う全般換気とする．

(3)　排気フードは，できるだけ汚染源に近接し，汚染源を囲むように設ける．

(4)　排風機は，できるだけダクト系の末端に設け，ダクト内を負圧にする．

Point

(1)　汚染度の高い室を換気する場合は，**周囲の室より室圧を低くして**，汚染が周囲に拡散しないようにする．

(2)　全般換気は室全体の空気を入れ替えることで室内の汚染物質濃度を希釈する方法である．

(3)　空気汚染の発生源が局所の場合は，排気フードは，できるだけ汚染源に近接し，汚染源を囲むように設ける．

(4)　ダクト内を負圧にすることで，ダクト内の汚染空気が漏れないようにする．

出題 2　換気設備に関する記述のうち，適当でないものはどれか．

(1)　発電機室の換気は，第 1 種機械換気方式とする．

(2)　無窓の居室の換気は，第 1 種機械換気方式とする．

(3)　便所の換気は，居室の換気系統にまとめる．

(4)　駐車場の換気は，誘引誘導換気方式とする．

Point

(1), (2)　第一種機械換気方式は，給気・排気それぞれに送風機を設ける方式で，機械室，無窓の居室等に設置される．

(3)　汚染源の異なる排気系統は，臭気や有毒ガスが逆流するおそれがあるので，**それぞれ独立の排気系統**とする．

(4)　誘引誘導換気方式は，給気側の送風機で送り込まれた外気を誘引誘導用ノズルから高速吐出し誘引，かくはんを行いながら排気する．地下駐車場等に適用される．

〔解答〕　出題 1：1　　出題 2：3

空気調和

冷暖房

換気

▶テーマの出題頻度　High ■■■■ ▷ Low ■□□□□

上水道	下水道	管きょ	給水装置
■■■■	■■■□	■■□□	■□□□

テーマ別 問題を解くためのカギ

ここを覚えれば
問題が解ける！

上水道

　上水道とは，水道法における水道のことを指しており，水道とは，「導管及びその他の工作物により，水を人の飲用に適する水として供給する施設の総体」で，水道施設とは，「取水施設，導水施設，浄水施設，送水施設，配水施設の総体で水道事業者等の設置者による管理に属するもの」とある.

　各施設の役割や方式，配水管の施設などについての問が出題されている（右ページの表）.

給水装置

　配水管から分岐して宅地内に引き込まれた給水管とこれに直結する止水栓，水道メーター，弁類，給水栓などを給水装置という．受水槽がある場合は，受水槽手前までが給水装置になる.

　配水管の布設，配水管からの分岐栓の取付け，耐圧試験についての出題がある.

下水道

　下水道とは「下水を処理するために設けられる排水管，排水管きょその他の排水施設，これに接続して下水を処理するために設けられるポンプ施設その他の施設の総体」をいう．下水とは「生活もしくは事業に起因し，もしくは付随する廃水」と定めている.

　下水道の種類，流速，下水道本管への取付管の接合方法などが問題として出題されている.

管きょ

　管きょの種類（合流式，分流式），計画下水量，流速，勾配などが問題として取り上げられている．その他に，下水道の宅地ますについての出題もわずかにある．

くわしく！

水道施設

取水施設	河川，湖沼，地下水源から水を取り入れ，粗ごみを取り除き，導水施設へ送る．
導水施設	取水施設で取水された原水を浄水施設へ送水する．
浄水施設	沈殿，ろ過，消毒などを行う．凝集池，沈殿池，ろ過池，高度浄水処理，消毒設備からなる．
送水施設	浄水施設から配水池まで常時一定の水を送水する．
配水施設	配水池，配水塔，高架タンク，配水ポンプにより，需要者に必要とする水圧で所要量を配水する．

　取水施設から配水施設までのフローが問題にされている．また，浄水施設に関する出題が多く，特に消毒に関する出題を目にする．

配水管，給水管

　配水管，給水管を埋設する場合の他の工作物と交差または近接する場合の間隔や，水圧試験の圧力と保持時間などが問題になっている．

管きょの種類

合流式	汚水と雨水を同一の管路系統で排除する
分流式	汚水と雨水を別々の管路系統で排除する

管きょの接合方法

水面接合	水理学的におおむね計画水位を一致させて接合する方法
管頂接合	管の内部頂部の高さを合わせて接合する方法
管底接合	管の内面底部の高さを揃えて接合する方法
管中心接合	管の中心を一致させて接合する方法

　原則として，水面接合または管頂接合とする．

出題傾向: 毎回1問出題されており，その内容は浄水施設，フロー，消毒設備についての問題が複数回出題されている．

例 題 上水施設に関する記述のうち，適当でないものはどれか．

(1) 取水施設は，河川，湖沼，又は地下の水源より水を取り入れ，粗いごみや砂を取り除く施設である．

(2) 導水施設は，取水施設から浄水施設まで原水を送る施設である．

(3) 浄水施設は，原水を水質基準に適合させるために，沈殿，ろ過，消毒等を行う設備である．

(4) 送水施設は，浄水場で浄化した水を需要家に送水するための施設である．

解 説

(1)○ 取水施設は，河川等の水源から必要量の水を取り入れ，粗いごみや砂を取り除き，導水施設へ送り込む施設である．

(2)○ 導水施設は，取水施設で取水された原水を浄水施設まで送る施設である．

(3)○ 浄水施設は，原水を水道法に決められた水質基準に適合させるために，いくつかの処理を行う施設である．処理設備には凝集池，沈殿池，ろ過池，高度浄水処理，消毒設備がある．

(4)× 送水施設は，浄水場から配水池まで常時一定量の水を送る施設である．送水施設の構造は，浄水を取り扱うので，外部から汚染されないように管水路とする．浄水場で浄化した水を需要家に送水する施設は，配水施設である．

〔解答〕 4

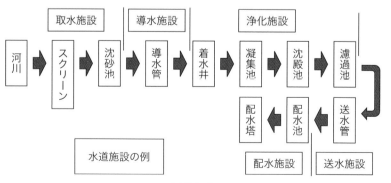

図 3-1-1

出題 1 　上水道における水道水の消毒に関する記述のうち，適当でないものはどれか．

(1)　浄水施設には，必ず消毒設備を設けなければならない．

(2)　水道水の消毒薬には，液化塩素，次亜塩素酸ナトリウム等が使用される．

(3)　遊離残留塩素より結合残留塩素の方が，殺菌力が高い．

(4)　一般細菌には，塩素消毒が有効である．

Point

(1)　水道法で，浄水設備には，消毒設備を設けることが規定されている．

(2)　水道水の消毒薬には，液化塩素，さらし粉，次亜塩素酸ナトリウムなどを使用する．

(3)　遊離残留塩素と結合残留塩素では殺菌力に差がある．殺菌作用は**遊離残留**塩素のほうが高いが，残留性は結合残留塩素のほうが高い．

(4)　浄水場で塩素消毒が行われることで，水道水の一般細菌はほとんど検出されない．

出題 2 　上水道の取水施設から配水施設に至るまでのフローのうち，適当なものはどれか．

(1)　取水施設 → 導水施設 → 浄水施設 → 送水施設 → 配水施設

(2)　取水施設 → 導水施設 → 送水施設 → 浄水施設 → 配水施設

(3)　取水施設 → 送水施設 → 導水施設 → 浄水施設 → 配水施設

(4)　取水施設 → 浄水施設 → 送水施設 → 導水施設 → 配水施設

Point

　上水道の各施設のフローは左ページのとおりである．

　取水施設 → 導水施設 → 浄水施設 → 送水施設 → 配水施設が正しい．

〔解答〕　出題 1：3　　出題 2：1

下水道

例 題 下水道に関する記述のうち，適当でないものはどれか．

(1) 下水道は，生活あるいは事業に起因する汚水ならびに雨水を排除処理するものである．

(2) 分流式は，汚水と雨水とを別々の管路系統で排除する方式である．

(3) 排水管の管内流速は，掃流力を考慮して 3.0 m/s 以上とする．

(4) 下水道施設の処理機能に障害を与えるような排水には，除外施設を設けなければならない．

解 説

(1)○ 下水道法では，下水道とは「下水（生活もしくは事業に起因し，もしくは付随する汚水または雨水）を排除するために設けられる排水管，排水管きょその他排水施設，これらに接続して下水を処理するために設けられる処理施設，またはこれらの施設の補完のために設けられるポンプ施設その他の施設の総体をいう」とある．

(2)○ 公共下水の排除方式には，分流式と合流式があり，原則分流式とする．分流式は汚水と雨水を別々の管路系統で排除するもので，合流式は同一の管路系統で排除するものである．

(3)× 排水管は，自然流下式で下水を支障なく流すために適切な管径，勾配にする必要がある．排水管の管内流速は，掃流力を考慮して 0.6〜1.5 m/s の範囲とする．ただし，やむを得ない場合は，最大流速を 3.0 m/s とする．

(4)○ 下水道法により，「公共下水道管理者は，著しく公共下水道の施設の機能を妨げるおそれのある下水を継続して排除して公共下水道を使用する者に対し，条例で，下水による障害を除去するために必要な除外施設を設けなければならない旨を定めることができる．」とある．

〔解答〕 3

出題 1　下水道に関する記述のうち，適当でないものはどれか.

(1)　汚水管きょにあっては，計画下水量は，計画時間最大汚水量とする.

(2)　下水道は，公共下水道，流域下水道及び都市下水路に分けられる.

(3)　公共下水道は，汚水を排除すべき排水施設の相当部分が暗きょ構造となっている.

(4)　下水道本管に接続する取付管の勾配は，1/200 以上とする.

Point

(1)　汚水管きょにあっては，計画下水量は，計画時間最大汚水量とする.

(2)　下水道法で公共下水道，流域下水道，都市下水路に分かれる.

(3)　公共下水道は，汚水の飛散防止などの観点から暗きょとする.

(4)　下水道本管に接続する取付管については，勾配は 1/100 以上，取付位置は本管の中心線から上方，本管への取付けは，流水をよくするため 60° または 90° とする.

出題 2　下水道に関する記述のうち，適当でないものはどれか.

(1)　公共下水道と敷地内排水系統の排水方式において，分流式と合流式の定義は同じである.

(2)　管きょの接合方法には，水面接合，管頂接合，管中心接合及び管底接合がある.

(3)　公共下水道の設置，改築，修繕，維持その他の管理は，市町村が行う.

(4)　取付管は，本管の中心線から上方に取り付ける.

Point

(2)　管きょの接合方法には，水面接合，管頂接合，管中心接合および管底接合があり，原則として水面接合または管頂接合とする.

(3)　下水道法に市町村が行う規定がある.

〔解答〕　出題 1：4　　出題 2：1

配水管・給水管・管きょ

例 題 上水道の配水管及び給水装置に関する記述のうち，適当でないものはどれか．

(1) 市街地等の道路部分に布設する外径 80 mm 以上の配水管には，管理者名，布設年次等を明示するテープを取り付ける．

(2) 配水管の水圧試験は，管路に充水後，一昼夜程度経過してから行うことが望ましい．

(3) 水道事業者は，配水管の取付口からメーターまでの給水装置について，工法，工期その他工事上の条件を付すことができる．

(4) 配水管から分水栓又はサドル付分水栓により給水管を取り出す場合，他の給水管の取出し位置との間隔を 15 cm 以上とする．

解 説

(1)○ 道路法施行令第 12 条第二号ハおよび道路法施行規則第 4 条の 3 の 2 を読み合わせると，「市街地等の道路部分に布設する外径 80 mm 以上の水道管には，ビニールその他の耐久性を有するテープを巻きつける等の方法により，名称，管理者，埋設の年を明示する」と規定されている．

(2)○ 「水道施設設計基準」によると，管路全体の水密性，安全性を確認するため水圧試験を実施する．また，膨張率の大きい空気圧での試験は行わない．水圧試験は管路に充水後一昼夜程度経過してから行うことが望ましい．試験は，設計水圧以下で行い，試験水圧まで加圧した後，一定時間保持し，その間の管路の異常の有無及び圧力の変化を調査する．

(3)○ 水道法施行規則第 36 条第二号，三号に，「配水管から分岐して給水管を設ける工事及び給水装置の配水管への取付口から水道メーターまでの工事を施行する場合において」「あらかじめ当該水道事業者の承認を受けた工法，工期その他の工事上の条件に適合するように当該工事を施行すること」と規定されている．

(4)× 水道法施行令第 6 条 1 号に「配水管への取付口の位置は，他の給水装置の取付口から 30 cm 以上離れていること」と規定されている．

〔解答〕 4

出題 1

給水装置（最終の止水機構の流出側に設置されている給水用具を除く．）の耐圧性能試験の「静水圧」と「保持時間」の組合せのうち，適当なものはどれか．

　　（静水圧）　　　　　（保持時間）
- (1)　1.75 MPa ——— 30 秒間
- (2)　1.75 MPa ——— 1 分間
- (3)　0.75 MPa ——— 1 分間
- (4)　0.75 MPa ——— 5 分間

Point

平成 9 年厚生省令第 14 号

第一条　給水装置（最終の止水機構の流出側に設置されている給水用具を除く．以下この条において同じ．）は，次に掲げる耐圧のための性能を有するものでなければならない．

一　給水装置は，厚生労働大臣が定める耐圧に関する試験（以下「耐圧性能試験」という．）により 1.75 MPa の静水圧を 1 分間加えたとき，水漏れ，変形，破損その他の異常を生じないこと．

出題 2

硬質土の地盤に，可とう性を有する下水道管きょを布設する場合，管きょの基礎として，適当なものはどれか．

- (1)　コンクリート基礎
- (2)　はしご胴木基礎
- (3)　くい打ち基礎
- (4)　砂基礎

Point

　可とう性を有する管きょには，原則として基礎が管の変形につれて変形する砂または砕石基礎とする．

　　　　　　　　　　　　　　　　　〔解答〕　出題 1：2　　出題 2：4

給水・給湯

── **分野 DATA** ──
- 出題数 ･･･････････････････ 4
- 回答数 ･･･････････････････ 2
- 出題区分 ･･･････････ 選択問題

▶**テーマの出題頻度**　High 　Low

| 水汚染 | 給湯機器 瞬間湯沸器 | 給水方式 | 給湯設備 給湯方式 |

テーマ別 問題を解くためのカギ

ここを覚えれば 問題が解ける！

🔑 給水設備

給水設備は，流し，洗面器等の衛生器具やシャワー等に十分な水量と適切な水圧で水を供給する設備である．

🔑 給水方式

給水方式には，水道直結方式，高置タンク方式等がある．方式とその特徴は表参照．

🔑 給水設備における水汚染の原因

給水設備の水汚染の原因としては，クロスコネクションによる汚染，逆サイホン作用による汚染，タンクにおける汚染，配管類による汚染が考えられる．

🔑 給湯設備

給湯設備は，給水設備と同様に，必要な箇所に必要量の湯を適切な圧力・温度で供給する設備である．

🔑 給湯方式

給湯方式には，局所式給湯と中央式給湯がある．

🔑 給湯機器

給湯機器には，瞬間湯沸器，潜熱回収型給湯器，ヒートポンプ湯沸器等がある．

配管方式

　給湯方式には，上向式と下向式がある．配管材料は，導管，架橋ポリエチレン管等がある．

くわしく！

第１表　給水方式

水道直結方式	水道本管から分岐管を建物内の水栓に直接連結し，給水する方式．
高置タンク方式	受水タンクに貯水した水を，ポンプで高置タンクに揚水し，重力により給水する方式．

第２表　給水設備における水汚染の原因

クロスコネクション	上水給水・給湯系統が，配管・装置により直接接続されることで，受水タンク等へ飲料水以外の配管が接続されたりすること．
逆サイホン作用	水受け容器に吐き出された水が，給水管内に生じた負圧により吸い込まれ，給水管内に逆流すること．水受けのあふれ縁と給水開口部は適当な距離を設ける．
タンク内	構造，設置場所が大きな要素となる．タンク周辺に十分なメンテナンススペースを設ける．タンク内部に，多用途の空調，消火配管等を設けない．点検清掃用に直径 60 cm 以上のマンホールを設ける．タンク上部に配水管等を設けない．また，タンク上部には 1 m 以上の空間を設ける．
配管類	大便器の洗浄弁等吐出口空間を設けることができない場合に，バキュームブレーカーを設置する．

第３表　給湯機器

瞬間湯沸器	貯湯器をもたず，使用する分量だけ水が湯沸器を通過する間に加熱する．Q 機能とは，熱交換器で設定温度より高い温度に加熱し，給水バイパス弁を制御して水と混合し，設定温度で給湯する．
潜熱回収型給湯器	燃焼ガス中の水蒸気が水に戻る際の潜熱を回収し，効率を高めたもの．
ヒートポンプ湯沸器	大気と熱交換するヒートポンプユニットと貯湯タンクの組合せによるもの．

水汚染

例題 給水設備に関する記述のうち，適当でないものはどれか．

(1) 建物内に飲料用給水タンクを設置する場合は，周囲及び下部に60cm以上，上部に100cm以上の保守スペースを設ける．

(2) クロスコネクションとは，飲料水系統とその他の系統が配管・装置により直接接続されることをいう．

(3) 飲料用給水タンクは，タンク清掃時の断水を避けられるようにタンクを複数設けるか，1基の場合には仕切りを入れ分割することが望ましい．

(4) 直結増圧方式の給水ポンプの給水量は，一般的に，高置タンク方式の揚水量に比べて，小さくなる．

解説

(1)○ 保守スペースが必要であることは常識的に理解できると思うが，建設省告示第1597号に，「給水タンク及び貯水タンクを建築物の内部に設ける場合においては，天井，底又は周壁の保守点検を容易かつ安全に行うことが出来るように設けること」とある．保守点検が行えるスペースが周囲および下部に60cm以上，上部に100cm以上ということである．

(2)○ クロスコネクションとは，上水の給水・給湯系統とその他の系統が，配管・装置により直接接続されることである．

(3)○ 飲料水タンクの清掃時，汚染の原因となりやすい断水を避けるために，タンクを複数設けるあるいは2槽以上に分けて設置するか，1槽内に隔壁を設けることが望ましい．

(4)× 直結増圧方式の給水ポンプの給水量は，瞬時最大予想給水量以上としている．高置タンク方式の揚水量は原則として時間最大予想給水量に基づいている．瞬時最大予想給水量は時間最大予想給水量より大きい．したがって，直結増圧方式の給水ポンプの給水量のほうが多くなる．

〔解答〕 4

出題 1　給水設備に関する記述のうち，適当でないものはどれか．

(1) 給水管に設置するエアチャンバーは，ウォーターハンマー防止のために設ける．

(2) 飲料用給水タンクには，内径 60 cm 以上のマンホールを設ける．

(3) 給水管への逆サイホン作用による汚染の防止は，排水口空間の確保が基本となる．

(4) 大気圧式バキュームブレーカーは，大便器洗浄弁などと組み合わせて使用される．

Point

(1) エアチャンバーは，容器内の空気の伸縮を利用して，ウォーターハンマーを防止する．

(2) 建設省告示にマンホールは直径 60 cm 以上の円が内接するものとある．

(3) **吐出口空間**とは，水受け容器のあふれ縁と給水の吐出口との距離で，この距離を十分とることで逆サイホン作用を防止できる．

(4) 大便器洗浄弁やホースを接続して使用する水栓等吐出口空間が確保できない場合は，バキュームブレーカーを設置する．

出題 2　給水設備に関する記述のうち，適当でないものはどれか．

(1) 飲料用給水タンクのオーバーフロー管にはトラップを設け，虫の侵入を防止する．

(2) 散水栓のホース接続水栓は，バキュームブレーカー付とする．

(3) ウォーターハンマーを防止するには，給水管内の流速を小さくする．

(4) 逆サイホン作用とは，水受け容器中に吐き出された水等が，給水管内に逆流することである．

Point

(1) 給水タンクのオーバーフロー管にトラップを設け排水管に直接接続してはならない．虫の侵入には**防虫網等を設ける**．

(3) ウォーターハンマー防止策として管内流速を小さくする．

〔解答〕　出題 1：3　　出題 2：1

給水方式

例 題 給水設備に関する記述のうち，適当でないものはどれか．

(1) 節水こま組込みの節水型給水栓は，流し洗いの場合，無意識に節水することができる．

(2) 給水管の分岐は，上向給水の場合は上取出し，下向給水の場合は下取出しとする．

(3) 飲料用給水タンクのオーバーフロー管には，排水トラップを設けてはならない．

(4) 高置タンク方式は，他の給水方式に比べ，給水圧力の変動が大きい．

解 説

(1)○ 節水こまは，こまの中央に突起がついており，突起が流出しようとする水流を阻害し，半開時の流量を 5〜10 ％程度抑える．食器洗い等の水道を流しっぱなしにする場合に水量を抑えることができ，無意識に節水することができる．

(2)○ 給水管の分岐は，空気だまりなどができないような円滑な流れを実現するため，上向給水の場合は上取出し，下向給水の場合は下取出しとする．

(3)○ 飲料用の受水タンク，給水タンクのオーバーフロー管は，間接排水とする．排水トラップを設けて排水管に直接接続してはならない．オーバーフロー管からの水汚染を排除するためである．また，管端には虫等の侵入を防ぐために防虫網を設ける．

(4)× 高置タンク方式は，水道本管から受水タンクに貯水し，ポンプで高置タンクに揚水する．高置タンクからの給水は重力により給水するため，設置する高さを適切に設定する必要がある．給水圧力は，高置タンクの高さと給水箇所の高さの差によるため，給水圧力の変動は少ない．

〔解答〕 4

出題 1 給水設備に関する記述のうち，適当でないものはどれか．

(1) 給水配管には，ライニング鋼管，ステンレス鋼管，樹脂管等が用いられる．

(2) 給水量の算定にあたっては，建物の用途，使用時間及び使用人員を把握するほか，空調用水等も考慮する．

(3) 高置タンク方式で重力により給水する場合，高置タンクの高さは，最上階の器具等の必要給水圧力が確保できるように決定する．

(4) 飲料用給水タンクのオーバーフロー管には，防虫対策として排水トラップを設ける．

Point

(1) 水道用硬質塩化ビニルライニング鋼管，水道用ポリエチレン粉体ライニング鋼管，水道用硬質塩化ビニル管等が用いられる．

(2) 給水量は，建物の用途・規模，季節・曜日等さまざまな要因で変化する．種々の条件に対応するものでなければならない．

(3) 高置タンクの高さは，最上階の必要水圧＋配管の摩擦損失等をカバーできる高さとする．

出題 2 給水設備に関する記述のうち，適当でないものはどれか．

(1) 水道直結方式は，高置タンク方式に比べて，水質汚染の可能性が高い．

(2) 高置タンク方式の揚水ポンプは，一般的に，水道直結増圧ポンプに比べて，送水量は小さくできる．

(3) 高置タンク方式で重力により給水する場合，高置タンクの高さは，最上階器具の必要給水圧力が確保できるよう決定する．

(4) 受水タンクの上部には，原則として，飲料水以外の配管を設けてはならない．

Point

(1) 高置タンク方式の受水タンクや高置タンクは大気開放されているので，水質汚染の可能性がある．

(4) 飲料用給水タンクの上部に，飲料水以外の配管（空調配管，排水管）を設けない．タンク内が汚染される可能性がある．

〔解答〕 出題1：4 出題2：1

給湯

例 題　給湯設備に関する記述のうち，適当でないものはどれか．

(1) 潜熱回収型給湯器は，燃焼排ガス中の水蒸気の凝縮潜熱を回収することで，熱効率を向上させている．

(2) 先止め式ガス瞬間湯沸器の能力は，それに接続する器具の必要給湯量を基準として算定する．

(3) Q機能付き給湯器は，出湯温度を短い時間で設定温度にする構造のものである．

(4) シャワーに用いるガス瞬間湯沸器は，湯沸器の湯栓で出湯操作する元止め式とする．

解 説

(1)○　従来型給湯器は一次熱交換機で，ガスを燃焼させた約 1 500 ℃の熱で熱交換し，給湯するものである．潜熱回収型は，二次熱交換器を追加し，約 200 ℃の排ガスから熱回収し，効率を高めたものである．200 ℃の排ガスは二次熱交換器により排気温度を 50～80 ℃に低減できた．このとき，排ガス中の水蒸気は潜熱を放出し水になる．この潜熱を回収するものである．

(2)○　局所式湯沸器として使用される先止め式瞬間湯沸器の能力は，それに接続する機器の必要給水量を基準として算定する．

(3)○　Q機能付き給湯器は，設定温度より高い湯をつくり，給水バイパス回路の弁を制御して水と混合し，短い時間で設定温度にするものである．

(4)×　ガス瞬間湯沸器の元止め式は，湯沸器の入口側（熱源より給水側）に水栓がくる方式である．小型の瞬間湯沸器で，家庭用はほとんどこのタイプであり，他の湯栓に給湯することはできない．

先止め式は，湯沸器の出口側（熱源より給湯側）に湯栓がくる方式である．離れた場所や複数の場所に給湯することができる．業務用にはこのタイプを使用する場合が多い．

シャワーは，浴室の湯栓（混合水栓）を操作してバーナーに点火し給湯するため，先止め式を使用する．

〔解答〕　4

出題 1 給湯設備に関する記述のうち，適当でないものはどれか．

(1) 給湯管に使用される架橋ポリエチレン管の線膨張係数は，銅管の線膨張係数に比べて小さい．

(2) 湯沸室の給茶用の給湯には，一般的に，局所式給湯設備が採用される．

(3) ホテル，病院等の給湯使用量の大きな建物には，中央式給湯設備が採用されることが多い．

(4) 給湯配管で上向き供給方式の場合，給湯管は先上がり，返湯管は先下がりとする．

Point

(1) 線膨張係数は架橋ポリエチレン管1.4～2.3×10⁻⁴/℃，1.65×10⁻⁵/℃である．

(1) 線膨張係数は架橋ポリエチレン管$1.4\sim2.3\times10^{-4}$/℃，1.65×10^{-5}/℃である．

(2) 局所式は，湯を使用する箇所ごとに設置して給湯を行うもので，給茶用は使用温度が高いため，局所式を採用する．

(3) 中央式給湯方式は，機械室に加熱装置・貯湯タンク・循環ポンプ等を設置して，必要箇所に給湯するもので，大きな建物で採用されることが多い．

(4) 給湯配管は，湯が円滑に循環するように，上向供給方式の場合，給湯管は先上がり勾配とし，返湯管は先下がり勾配とする．

出題 2 給湯設備に関する記述のうち，適当でないものはどれか．

(1) 潜熱回収型給湯器は，燃焼ガス中の水蒸気の凝縮潜熱を回収することで熱効率を向上させている．

(2) 循環式給湯設備の給湯温度は，レジオネラ属菌の繁殖を防止するため，45℃に維持する．

(3) ガス瞬間湯沸器の先止め式は，給湯先の湯栓の開閉により給湯するもので，給湯配管が接続できるものである．

(4) 給湯管に銅管を用いる場合は，かい食を防ぐため，管内の流速は 1.5 m/s 以下とする．

Point

(2) レジオネラ属菌の繁殖を防止するには 60℃以上にする．

(4) かい食（エロージョン）は流速が速い場合に発生しやすい．管内流速は 1.5 m/s 以下とする．

（解答） 出題 1：1　　出題 2：2

排水・通気

─ 分野 DATA ─
- 出 題 数 ………………… 4
- 回 答 数 ………………… 2
- 出題区分 ……… 選択問題

▶テーマの出題頻度 High ■■■■ Low ■□□□□

| 通気管 | トラップの封水が破られる原因 | 排水トラップ | 排水管の勾配 |

テーマ別 問題を解くためのカギ 🔑⚡

ここを覚えれば
問題が解ける！

🔒 排水管の勾配

　排水管は，排水中の夾雑物が管底に堆積しないように，洗い流し作用を起こさせる流速が必要である．流速は平均 1.2 m/s 程度で，最大 1.5 m/s，最小 0.6 m/s が望ましい．排水横管の勾配は，管径 65 mm 以下は 1/50，75 と 100 mm は 1/100，125 mm は 1/150，150 mm 以上は 1/200 を最小勾配とする．

🔒 通気管

　器具排水管では，満流になることが多く，排水管の上流側は負圧に，下流側は正圧になる．これを緩和して流れをよくするために，負圧側に空気を導入し，正圧側の空気を逃がす役目の通気管が必要になる．

🔒 排水トラップ

　トラップは，下水ガスが排水管を通って室内に流れ込むのを防止する役目のものである．構造は，排水の流れる管路に水封を設け，下水ガスの逆流や害虫の侵入を防いでいる．

🔒 トラップの封水が破られる原因

　トラップの封水が破られる原因は，自己サイホン作用，吸出し作用，はね出し作用，毛管現象，蒸発等である．

📓 くわしく！

通気方式と通気の取り方

各個通気方式	各器具の配水管からそれぞれ通気管を立ち上げるもので，機能上最も優れている．
ループ通気方式	排水横枝管の最上流の器具排水管接続点の下流直後から通気管を立ち上げ，通気立て管または伸頂通気管に接続するかあるいは大気開放する．
伸頂通気方式	通気立て管を設けずに，排水立て管の頂部を延長した伸頂通気管のみで通気を行う．長い横枝管が少なく，各室の器具が単独で排水立て管に接続できるような，アパートやホテルに適する．

トラップの封水が破られる原因

① 自己サイホン作用

　器具からの排水によってトラップ以降の配水管がサイホンを形成し，トラップ内の水を吸引しトラップ機能を失うことである．

② 吸出し作用（誘導サイホン作用）

　排水立て管で多量に排水された場合，管内圧力が負圧になることがあり，排水立て管に近い位置にあるトラップ内の水を吸い出してしまうことがある．

③ はね出し作用

　吸出し作用が発生する下流側は圧力が上昇する．横走り管が短く排水立て管に近い位置にあるトラップの水を室内側にはね出してしまうことがある．

④ 毛管現象

　トラップのあふれ縁に毛髪等が垂れ下がっていると，毛細管現象によりトラップ内の水が吸い出されることがある．

⑤ 蒸発

　器具を長い間使用しないとトラップ内の水が蒸発により減少する．

排水トラップ・排水管

出題傾向： 排水，通気，排水管等に関する問題が，毎回2問出題されている.

例 題 排水・通気設備に関する記述のうち，適当でないものはどれか.

(1) 管径が 65 mm 以下の排水横管の最小勾配は，1/100 とする.

(2) 排水横主管の管径は，これに接続する排水立て管の径以上とする.

(3) ループ通気管の最小管径は，30 mm とする.

(4) 屋外埋設排水管の勾配が著しく変化する箇所には，排水ますを設ける.

解 説

(1)× 給排水衛生設備規準・同解説（SAHSE-S 206）による排水横管の勾配について重要事項まとめに記載している. 65 mm 以下は 1/50.

(2)○ 排水横主管は，排水立て管，排水横枝管，器具排水管からの排水をまとめて屋外の排水設備へ排出する管である. 管径は，排水立て管の径と同じとするか，またはそれ以上とする.

(3)○ 通気管の最小管径は 30 mm とする. ただし，建物の排水槽に設ける通気管の管径は，いかなる場合にも 50 mm 以上とする.

(4)○ 排水ますは，管の接続が容易で清掃のできる十分な大きさとし，次の箇所に設ける.

① 敷地排水管の延長が，その管径の 120 倍を超えない範囲に設ける.
② 敷地排水管の起点. ③ 排水の合流箇所および敷地排水管の方向変換箇所. ④ 勾配が著しく変化する箇所. ⑤ その他点検上必要な箇所.

〔解答〕 1

排水トラップの種類

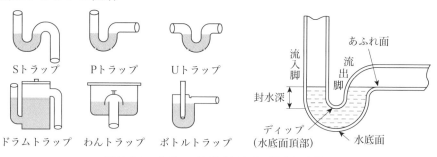

Sトラップ　Pトラップ　Uトラップ
ドラムトラップ　わんトラップ　ボトルトラップ

流入脚　あふれ面　流出脚
封水深
ディップ（水底面頂部）　水底面

図 3-3-1　トラップの基本形および各部の名称

出題 1　排水設備に関する記述のうち，適当でないものはどれか．

(1) トラップは，下水ガス等の排水管から室内への侵入を封水により防止する．

(2) トラップの封水は，誘導サイホン作用，自己サイホン作用，蒸発，毛管現象等により損失する場合がある．

(3) わんトラップは，サイホン式トラップの一種である．

(4) 大便器のトラップは，本体と一体になっているため，作り付けトラップと呼ばれる．

Point

(1) 下水ガスが排水管から逆流して室内に排出されることを防止する．また，排水管を伝って侵入しようとする衛生害虫の移動を防止する．

(2),(3) 重要事項まとめ参照．わんトラップは**非サイホン式**である．

(4) 陶器製の本体と一体になったものを作り付けトラップと呼ぶ．

出題 2　排水・通気設備に関する記述のうち，適当でないものはどれか．

(1) ループ通気管の管径は，当該ループ通気管を接続する排水横枝管と通気立て管の管径のうち，いずれか小さい方の 1/2 以上とする．

(2) 伸頂通気管の管径は，排水立て管の管径の 1/2 以上とする．

(3) 水封式トラップの機能は，封水を常時保持することで維持される．

(4) Ｕトラップは，排水配管の途中に設置するトラップである．

Point

(1),(2) 通気管の管径決定法には，①最小管径は 30 mm 以上②各個通気管の管径は，それが接続される排水管径の 1/2 以上③伸頂通気管は，原則として排水立て管の上端の管径とする④ループ通気管の管径は，当該通気管を接続する排水横枝管と通気立て管のうち，いずれか小さいほうの 1/2 以上とする．

(3) 水封式トラップは，封水を常時維持することで機能を発揮する．

(4) Ｕトラップは，管トラップとも呼ばれ，横走り排水管の途中に設置する．

〔解答〕　出題 1：3　　出題 2：2

通気方式

出題傾向： 排水，通気，排水管等に関する問題が，毎回２問出題されている．

例 題 排水・通気に関する記述のうち，適当でないものはどれか．

(1) 伸頂通気方式は，通気立て管を設けず，排水立て管上部を延長し通気管として使用するものである．

(2) ループ通気管は，通気立て管又は伸頂通気管に接続するか，あるいは大気に開放する．

(3) 伸頂通気方式は，ループ通気方式に比べて機能上優れている．

(4) 最上階を除き，大便器８個以上を受け持つ排水横管には，ループ通気管を設けるほかに，逃し通気管を設ける．

解 説

(1)○ 伸頂通気方式は，別個に通気立て管を設けず，排水立て管上部を延長して通気管として使用する．排水立て管に通気立て管の役割をさせている．長い横枝管が多い設備には不向きで，アパートやホテルのように，各室の器具が直接排水立て管に接続できるような場合に適する．

(2)○ ループ通気管は，排水横枝管の最上流の器具排水接続部の下流側直後から立ち上げ通気立て管または伸頂通気管に接続するか，あるいは大気に開放する．

(3)× 伸頂通気方式は，通気立て管を設けず，排水立て管に通気立て管の役割を任せている．排水流量が多いと排水立て管が通気の役割を十分に果たせなくなる．許容流量が少なく，ループ通気方式に比べ圧力緩和機能が劣る．

(4)○ ループ通気方式の一つの通気管が受け持つことができる大便器または類似の器具の個数は７個以下で，横枝管にそれ以上の器具がある場合には，最下流の器具排水管の下流直後から逃し管を設けなければならない．

〔解答〕 3

出題 1 排水・通気設備に関する記述のうち，適当でないものはどれか．

(1) 各個通気方式は，自己サイホン作用の防止に有効である．

(2) 通気立て管の下部は，最低位の排水横枝管より下部で排水立て管に接続するか，又は排水横主管に接続する．

(3) 排水立て管の管径は，下階になるに従い排水負荷に応じて大きくする．

(4) 各個通気管は，器具のトラップ下流側の排水管より取り出す．

Point

(1) 各個通気方式は，自己サイホン作用の防止に有効で，最も優れた通気方法である．

(2) 最低位の排水横枝管系統にあるトラップの封水を保護するためである．

(3) 排水立て管の管径は，**最下部の最も排水負荷の大きい部分の管径と同一管径で**なければならない．

(4) 上流側から取り出すと，トラップの封水保護という目的を果たさない．

出題 2 通気設備に関する記述のうち，適当でないものはどれか．

(1) 排水横枝管から立ち上げたループ通気管は，通気立て管又は伸頂通気管に接続する．

(2) 大便器の器具排水管は，湿り通気管として利用してよい．

(3) 通気立て管の上端は，単独で大気中に開口してよい．

(4) 通気管は，排水系統内の空気の流れを円滑にするために設ける．

Point

(2) 大便器のように瞬時排水量が大きく固形物搬送を伴い，満流状態が予想される排水管を湿り通気管として利用してはならない．

(3) 通過立て管の上端は，単独に大気開放するか，最高位の器具のあふれ縁より150 mm 以上立ち上げ，伸頂通気管に接続する．

(4) 通気管は，排水管内の空気の流れを円滑にする．

〔解答〕 出題 1：3　　出題 2：2

排水他

例 題 排水設備に関する記述のうち，適当でないものはどれか.

(1) 特殊継手排水システムは，ホテル客室系統，共同住宅に多く使用されている.

(2) ルームエアコンのドレン管は，直接雑排水管に接続する.

(3) 阻集器にはトラップ機能をもつものが多く，器具トラップを設けると二重トラップになるおそれがある.

(4) ドラムトラップは，排水混入物をトラップ底部に堆積させ，後に回収できる構造になっている.

解 説

(1)○ 特殊継手排水システムとは，排水立て管と排水横枝管の接続部に特殊形状の継手を用いるものである. 横枝管からの流水は特殊継手を通ることにより，立て管内の流速を減ぜられ，円滑に流入となる. 伸頂通気方式を採用することにより，他の通気システムがなくても十分な排水が可能とされる. 集合住宅，ホテル客室系統等に多く使用されている.

(2)× ルームエアコンのドレン管は，間接排水とし，雨水排水系統等に放流する.

(3)○ 阻集器は，一般にトラップを有した構造となっている. また，衛生器具には各個に排水トラップを設けることが原則である. 衛生器具からの排水を阻集器に接続すると二重トラップになるおそれがある. 衛生器具からの排水を間接排水にする等の工夫が必要である.

(4)○ ドラムトラップは，大きなごみを阻集するストレーナーを有しており，トラップ底部に堆積したごみを回収できる構造になっている.

〔解答〕 2

出題 1　衛生器具の「名称」と該当器具の「トラップの最小口径」の組合せのうち，適当でないものはどれか．

（名称）	（トラップの最小口径）
⑴　掃除流し	50 mm
⑵　壁掛け小型小便器	40 mm
⑶　汚物流し	75 mm
⑷　大便器	75 mm

Point

空気調和衛生工学会（SHASE）規格による．

⑴　掃除流し	65 または 75 mm
⑵　壁掛け小型小便器	40 mm
⑶　汚物流し	75 mm
⑷　大便器	75 mm

出題 2　建築物の排水に関する記述のうち，適当でないものはどれか．

⑴　排水は，汚水，雑排水，雨水などに分類される．

⑵　大小便器及びこれと類似の用途をもつ器具から排出される排水を汚水という．

⑶　厨房排水は，建物内の排水管を閉塞させやすい．

⑷　雨水は，建物内で雑排水系統と合流させてもよい．

Point

⑴　排水は，汚水，雑排水，雨水，特殊排水等に分類される．

⑵　汚水とは，大小便器およびこれと類似の用途をもつ器具（汚物流し，ビデ，便器消毒器など）からの排水をいう．

⑶　厨房排水は，油脂類の濃度が高いので建物内の排水管や下水道管を閉塞させやすい．そのため，厨房にはグリース阻集器を設ける．

⑷　合流排水方式でも，雨水は，**屋外で合流**させる．

〔解答〕　出題1：1　　出題2：4

消火設備

▶テーマの出題頻度　High 　Low

| 屋内消火栓 | ポンプまわりの配管 | 加圧送水装置 | |

テーマ別 問題を解くためのカギ

ここを覚えれば
問題が解ける！

消火設備

　消火設備には，屋内消火栓設備，屋外消火栓設備，スプリンクラー設備，泡消火設備等さまざまあるが，ここで出題されているのは屋内消火栓設備のみのようである．

屋内消火栓設備（以下屋内消火栓設備についての記載）

　屋内消火栓設備は，火災の初期消火を目的としており，操作は一般の人が行うことを想定しており，水源，加圧送水装置，起動装置，屋内消火栓，配管・弁類および非常電源等で構成されている．屋内消火栓の種類は，放水圧力，放水量および操作性によって，1号消火栓，易操作性1号消火栓，2号消火栓に区分され，設置する防火対象物および水平距離が定められている．

加圧送水装置

　加圧送水装置は，高架タンク方式，圧力タンク方式，ポンプ方式があるが，一般にはポンプ方式が用いられる．
　　ポンプの定格吐出量＝150(70)×N [L/min]，（　）内は2号消火栓，Nは同時開口数．
　　ポンプの定格全揚程 H[m]＝$h_1 + h_2 + h_3 + h_4$
　　h_1：消防用ホースの摩擦損失水頭，h_2：配管の摩擦損失水頭，h_3：落差
　　h_4：ノズルの放水圧力換算水頭

くわしく！

ポンプまわりの留意事項

① ポンプは専用とすること.

② 定格負荷運転時のポンプの性能を試験するための配管設備を設ける.

③ 締切り運転時の水温上昇防止のための逃し配管を設ける.

④ 常用電源が停電した場合は，自動的に非常用電源に切り換えられること.

⑤ 屋内消火栓の先端における圧力が 0.7 MPa を超えないこと.

ポンプまわりの配管に関する留意事項

① 配管は専用とし，立上り管は 1 号消火栓では呼び径 50 以上，2 号消火栓では 32 以上とする.

② ポンプ吐出側直近部分の配管には，逆止弁および止水弁を設ける.

③ 吸水管はポンプごとに専用とし，ごみなどが詰まることによる機能低下を防止するためにストレーナーなどのろ過装置を設ける.

④ 給水源の水位がポンプより低い位置にあるものにあっては，フート弁を，その他のものにあっては止水弁を設ける.

屋内消火栓設備の区分

項目＼区分	1 号消火栓	2 号消火栓
防火対象物	A．工場又は作業所 B．倉庫 C．指定可燃物（可燃性液体類に係るものを除く.）を貯蔵し，又は取り扱うもの D．A～C 以外の防火対象物	A～C 以外の防火対象物
放水量	130 L/min 以上	60 L/min 以上
水平距離	25 m 以下	15 m 以下
開閉弁の高さ	1.5 m 以下	同左
放水圧力	0.17～0.7 MPa	0.25～0.7 MPa

屋内消火栓

例 題 屋内消火栓設備に関する記述のうち，適当でないものはどれか．

(1) 1号消火栓のノズル先端での放水量は，120 L/min 以上とする．

(2) 1号消火栓は，防火対象物の階ごとに，その階の各部からの水平距離が 25 m 以下となるように設置する．

(3) 2号消火栓（広範囲型を除く）のノズル先端での放水量は，60 L/min 以上とする．

(4) 2号消火栓（広範囲型を除く）は，防火対象階の階ごとに，その階の各部からの水平距離が 15 m 以下となるように設置する．

解 説

消防法施行令第11条および則第12条に規定されているものである．

(1)×　令第11条第3項第一号ニに1号消火栓について「屋内消火栓設備は，いずれの階においても，当該階のすべての屋内消火栓（設置個数が2を超えるときは，2個の屋内消火栓とする．）を同時に使用した場合に，それぞれのノズルの先端において，放水圧力が0.17 MPa 以上で，かつ，放水量が130 L/min 以上の性能のものとすること．」とある．

(2)○　令第11条第3項第一号イに1号消火栓について「屋内消火栓は，防火対象物の階ごとに，その階の各部分から一のホース接続口までの水平距離が25 m 以下となるように設けること．」と規定されている．

(3)○　令第11条第3項第二号イ(5)に2号消火栓について「屋内消火栓設備は，いずれの階においても，当該階の全ての屋内消火栓（設置個数が二を超えるときは，二個の屋内消火栓とする．）を同時に使用した場合に，それぞれのノズルの先端において，放水圧力が0.25 MPa 以上で，かつ，放水量が60 L/min 以上の性能のものとすること．」と規定されている．

(4)○　令第11条第3項第二号イ(1)に2号消火栓について「屋内消火栓は，防火対象物の階ごとに，その階の各部分から一のホース接続口までの水平距離が15 m 以下となるように設けること．」と規定されている．

〔解答〕 1

出題 1

屋内消火栓設備に関する記述のうち，適当でないものはどれか．

(1) 屋内消火栓設備には，非常電源を附置する．

(2) 屋内消火栓箱の上部には，設置の表示のための緑色の灯火を設ける．

(3) 屋内消火栓の開閉弁は，自動式のものでない場合，床面からの高さが 1.5 m 以下の位置に設ける．

(4) 加圧送水装置には，高架水槽，圧力水槽又はポンプを用いるものがある．

Point

(1) 消防法施行令第 11 条に「屋内消火栓設備には，非常電源を附置すること．」と規定されている．

(2) 施行規則第 12 条に「屋内消火栓箱の上部に，取付け面と 15 度以上の角度となる方向に沿って 10 m 離れたところから容易に識別できる**赤色の灯火を設けること**」と規定されている．

(3) 施行規則第 12 条に「屋内消火栓の開閉弁は，床面からの高さが 1.5 m 以下の位置又は天井に設ける」と規定されている．

(4) 施行規則第 12 条に高架水槽，圧力水槽，ポンプの 3 種類が規定されている．

出題 2

屋内消火栓設備に関する記述のうち，適当でないものはどれか．

(1) 屋内消火栓設備には，非常電源を設ける．

(2) 屋内消火栓箱の上部には，設置の標示のための赤色の灯火を設ける．

(3) 広範囲型を除く 2 号消火栓は，防火対象物の階ごとに，その階の各部分からの水平距離が 25 m 以下となるように設置する．

(4) 屋内消火栓の開閉弁は，自動式のものでない場合，床面からの高さが 1.5 m 以下の位置に設置する．

Point

(3) 消防法施行令第 11 条第 3 項第二号イに，2 号消火栓について「屋内消火栓は，防火対象物の階ごとに，その階の各部分から一のホース接続口までの**水平距離が 15 m 以下**となるように設けること」と規定されている．

〔解答〕 出題 1：2 　　出題 2：3

吸水管・ポンプ

例題

屋内消火栓ポンプまわりの配管に関する記述のうち，適当でないものはどれか．

(1) 吸水管は，ポンプごとに専用とする．

(2) 水源の水位がポンプより低い位置にあるものにあっては，吸水管に止水弁を設ける．

(3) 吸水管には，機能の低下を防止するためにろ過装置を設ける．

(4) ポンプ吐出側直近部分の配管には，逆止弁及び止水弁を設ける．

解 説

(1)○ 消防法施行規則第 12 条第 1 項第六号ハに「ポンプを用いる加圧送水装置の吸水管は，次の(イ)から(ハ)までに定めるところによること．

(イ) 吸水管は，ポンプごとに専用とすること．

(ロ) 吸水管には，ろ過装置（フート弁に付属するものを含む．）を設けるとともに，水源の水位がポンプより低い位置にあるものにあってはフート弁を，その他のものにあっては止水弁を設けること．

(ハ) フート弁は，容易に点検を行うことができるものであること．」とある．(イ)の規定のとおりである．

(2)× 上記(ロ)項に規定のとおりである．

水源の水位がポンプより低い位置にある場合は，止水弁ではなくフート弁を設ける（フート弁とは，ポンプが停止すると，弁が閉じ配管内部を水で満たした状態に保ち，再起動した際にすぐに送水できるようにするもの．）．

(3)○ 上記(ロ)項に規定のとおり，吸水管には，ろ過装置を設ける．

(4)○ 消防法施行規則第 12 条第 1 項第六号ロに「加圧送水装置の吐出側直近部分の配管には，逆止弁及び止水弁を設けること．」とある．

〔解答〕 2

出題 1 屋内消火栓ポンプ回りの配管に関する記述のうち，適当でないものはどれか．

(1) 吸水管には，ろ過装置（フート弁に付属するものを含む．）を設ける．

(2) 水源の水位がポンプより高い位置にある場合，吸水管には逆止め弁を設ける．

(3) 吸水管は，ポンプごとに専用とする．

(4) 締切運転時における水温上昇防止のため，逃し配管を設ける．

Point

(2) 逆止弁ではなく**止水弁**を設ける．

(4) 消防法施行規則第 12 条第 1 項第七号ハ(ト)に「加圧送水装置には，締切運転時における水温上昇防止のための逃し配管を設けること．」と規定されている．

出題 2 屋内消火栓設備において，ポンプの仕様の決定に関係のないものはどれか．

(1) 実揚程

(2) 水源の容量

(3) 屋内消火栓の同時開口数

(4) 消防用ホースの摩擦損失水頭

Point

屋内消火栓設備の吐出量と揚程は次による．

ポンプの定格吐出量＝150(70)×N [L/min]，（ ）内は 2 号消火栓

N：同時開口数

ポンプの定格全揚程 H[m]＝h_1＋h_2＋h_3＋h_4

h_1：消防用ホースの摩擦損失水頭，h_2：配管の摩擦損失水頭

h_3：落差（吸込実揚程＋吐出実揚程），h_4：ノズルの放水圧力換算水頭

水源の容量がポンプ仕様の決定に関係ない．

〔解答〕 出題 1：2 出題 2：2

上・下水道 | 給水・給湯 | 排水・通気 | **消火設備** | ガス設備 | 浄化槽

── 分野 DATA ──
・出題数 4
・回答数 2
・出題区分 .... 選択問題

▶テーマの出題頻度　High　Low

 供給方式

 ガスの基本事項

 ガス漏れ警報器

マイコンメーター
ガス燃焼機器

テーマ別 問題を解くためのカギ

ここを覚えれば
問題が解ける！

ガスの基本事項

　燃料ガスには，都市ガス，LPG，LNG 等がある.
　都市ガスは，グループ分類されている. A グループは，天然ガスまたは LPG が主体. B, C グループは，ナフサ等の石油系または石炭系の製造ガス. 比重は，空気より軽いものが多い.
　LPG は，Liquefied Petroleum Gas（液化石油ガス）の略で，常圧では気体であるが，加圧したり冷却したりすると液化する. 一般消費者に供給される LPG に含まれるガスはプロパンが最も多く，次いでブタン，プロピレン・ブチレンが若干含まれる. 比重は約 1.6 で空気より重たい. 臭い，色は無臭，無色であり，ガス漏れを感知できるように臭いをつけている.
　LNG は，Liquefied Natural Gas（液化天然ガス）の略で，無色・無臭の液体であり，硫黄分等の不純物を含まず，クリーンである. また，燃焼の際の二酸化炭素の発生量も少ない.

供給方式

　都市ガスの供給は，製造所から高圧で送り出された都市ガスは，整圧器（ガバナ）で中圧に減圧され，大規模工場・施設に届けられる. 一般の家庭や商業施設には，さらに減圧された低圧ガスが運ばれる. 供給圧力から，低圧供給方式，中圧供給方式，高圧供給方式に分かれる. 低圧供給方式は，需要家の使用圧力で供給するもので，0.1 MPa 未満のガス圧力をいう. 中圧供給方式は，供給先までの距離が長い場合に採用され，中圧 B（0.1 MPa 以上 0.3 MPa 未満），中圧 A（0.3 MPa 以上 1 MPa 未満）で送出し，低圧に整圧して供給する. 高圧供給方式は，ガス工場から 1 MPa 以上で送出し，中圧に減圧しさらに低圧に減圧して需要家に供給する.

　LPG の供給は，戸別供給，小規模集団供給，中規模集団供給，業務用供給，民生用バルク供給の各方式がある．LPG 容器は，充填量により 10 kg，20 kg，50 kg があり，常に 40 ℃を以下に保つような措置を講じる．バルク供給設備は，従来，工場などへの大規模供給方式として用いられてきたが，一般住宅・集合住宅にも供給されるようになった．

ガス燃焼機器

　ガス事業法では，ガスによる災害発生のおそれが多いと認められるものを，特定ガス用品として，適合性検査を実施している．基準に適合している器具には PS マークが表示され，有効期限は 5 年である．ガス器具には，開放式ガス器具，密閉式ガス器具がある．

マイコンメーター

　ガス漏れなどによる事故防止の目的で，一般家庭用に使用するガスメーターは，原則としてマイコンメーターを使用する．マイコンメーターの主な機能は，流量オーバー遮断，感震遮断（震度 5 程度の地震動を検知），圧力低下遮断等である．

ガス漏れ警報設備

　ガスの漏えいを速やかに検知し，事故を未然に防ぐ措置としてガス漏れ警報器の設置が，ガス事業法，消防法，建築基準法等で規定されている．ガス漏れ検知器は，天井の室内に面する部分または壁面の点検に便利な場所に，ガスの性状に応じて設ける．

警報器の設置箇所

空気に対する比重が 1 未満	燃焼器または貫通部から水平距離で 8 m 以内 検知器の下端は，天井面等の下方 0.3 m 以内
空気に対する比重が 1 を超える	燃焼器または貫通部から水平距離で 4 m 以内 検知器の上端は，床面の上方 0.3 m 以内

LPG

例 題 ガス設備に関する記述のうち，適当でないものはどれか．

(1) 液化石油ガス（LPG）は，調整器により3.3～2.3 kPaに減圧されて供給される．

(2) 液化石油ガス（LPG）用のガス漏れ警報器の有効期間は，8年である．

(3) 液化石油ガス（LPG）のバルク供給方式は，一般的に，工場などに用いられる．

(4) 液化石油ガス（LPG）は，空気より重たい．

解 説

(1)○　LPG容器内のガス圧力は，0.4～1.2 MPaと高い圧力であり，一般家庭用の燃焼器の必要圧力は2.0 kPaであるため，圧力調整器によって2.3～3.3 kPaに調整している．

(2)×　LPG用のガス漏れ警報器は高圧ガス保安協会で検定が行われる．検定の有効期間は5年である．

(3)○　バルク供給方式は，敷地内に設置された貯槽やタンクにバルクローリーで直接LPGを充填する方式である．製鉄所や工場等の比較的大量にLPGを消費する事業者向けの供給方式として用いられている．

(4)○　LPGの成分は，プロパンが最も多く，次いでブタンが多い．空気の比重を1として，プロパンの比重は1.522，ブタンの比重は2.006であり，いずれも空気より重たく，したがって，LPGも空気より重たい．

〔解答〕　2

出題 1 ガス設備に関する記述のうち，適当でないものはどれか．

(1) 液化石油ガスの一般家庭用のガス容器には，10 kg，20 kg，50 kg 等のものがある．

(2) 都市ガスの中圧供給方式は，供給量が多い場合，又は，供給先までの距離が長い場合に採用される．

(3) マイコンメーターは，災害発生のおそれのある大きさの地震動を検知した場合，ガスを遮断する機能を有している．

(4) 液化石油ガスは，プロパン，ブタン等を主成分としており，空気より軽いため，漏洩すると高いところに滞留する．

Point

(1) LPG ガス容器は 10 kg，20 kg，50 kg のものがある．

(2) 都市ガス供給方式は，高圧，中圧，低圧供給方式があり，中圧方式は 0.1 以上 1 MPa 未満の圧力で供給し，供給先までの距離が長い場合に採用される．

(3) マイコンメーターは，震度 5 程度の地震動を検知すると，ガスを遮断する機能を有する．

出題 2 ガス設備に関する記述のうち，適当でないものはどれか．

(1) 都市ガスの引込みで，本支管分岐個所から敷地境界線までの導管を供給管という．

(2) 液化天然ガス（LNG）には，一酸化炭素が含まれている．

(3) 液化石油ガス（LPG）の一般家庭向け供給方式には，戸別供給方式と集団供給方式がある．

(4) 液化石油ガス（LPG）の充填容器の設置においては，容器が常に 40 ℃以下に保たれる措置を講じる．

Point

(1) 本支管分岐箇所から敷地境界線までの導管を供給管という．敷地境界線からガス栓までを内管という．

(2) LNG には**一酸化炭素は含まれない**．

(3) 一般家庭向け供給方式は，戸別供給方式，集団供給方式である．

(4) LPG の充填容器は常に 40 ℃以下に保たれなければならない．

〔解答〕　出題 1：4　　出題 2：2

ガス漏れ警報器

出題傾向： 毎回ガス設備に関する問題が1問出題されている．ガス漏れ警報器の設置基準，有効期限等についての出題である．

例 題

ガス漏れ警報器に関する文中，☐☐☐内に当てはまる数値及び語句の組合せとして，適当なものはどれか．

液化石油ガスのガス漏れ警報器の検知部は，ガス器具からの水平距離が ☐☐☐ m 以内で，かつ，☐☐☐から 30 cm 以内の位置に設置しなければならない．

	(A)	(B)
(1)	8	床　面
(2)	4	床　面
(3)	8	天井面
(4)	4	天井面

解 説

　消防法施行規則第24条の二の三の第1項に「ガス漏れ検知器は天井の室内に面する部分又は壁面の点検に便利な場所に，次のイ又はロに定めるところによるほか，ガスの性状に応じて設けること」とある．

　ロ項には，「検知対象ガスの空気に対する比重が1を超える場合には，次の(イ)から(ハ)までに定めるところによること．

（イ）　燃焼器又は貫通部から水平距離で 4 m 以内の位置に設けること．

（ハ）　検知器の上端は，床面の上方 0.3 m 以内の位置に設けること．」

　液化石油ガスの空気に対する比重は1より大きいので，この条項に当てはまる．

　したがって，(2)が適当である．

〔解答〕　2

出題 1 液化石油ガス（LPG）設備に関する記述のうち，適当でないものはどれか.

(1) LPG の充填容器の設置の際は，容器が常に 50 ℃以下に保たれる措置を講じる.

(2) LPG のガス漏れ警報器には検査合格表示が付され，その有効期間は 5 年である.

(3) LPG は，本来，無色・無臭のガスであるが，ガス漏れを感知できるように臭いがつけられている.

(4) 「液化石油ガスの保安の確保及び取引の適正化に関する法律」による特定液化石油ガス器具等には，技術上の基準に適合しているとして PS マークが付されている.

Point

(1) 容器が常に 40 ℃以下に保たれる措置を講じる.

(2) 高圧ガス保安協会等が検査を行い有検査合格表示が付される. 有効期間 5 年である.

(3) LPG は本来無色・無臭のガスである. ガス漏れを感知できるように臭いがつけられている.

(4) 特定液化石油ガス器具は，適合検査に適合していると PS マークが付される.

出題 2 ガス設備に関する記述のうち，適当でないものはどれか.

(1) 液化石油ガスは，空気中に漏洩すると低いところに滞留しやすい.

(2) 液化石油ガスは，主成分である炭化水素由来の臭気により，ガス漏れを感知できる.

(3) 一般家庭用のガスメーターは，原則として，マイコンメーターとする.

(4) 液化天然ガスは，石炭や石油に比べ，燃焼時の二酸化炭素の発生量が少ない.

Point

液化石油ガスは，空気より重いので，漏洩すると低いところに滞留しやすい. 一般家庭用のガスメーターはマイコンメーターが用いられる.

液化天然ガスの主成分はメタンであり，燃焼時の二酸化炭素発生量は石炭の半分ほどである.

（解答） 出題 1：1　　出題 2：2

浄化槽

▶テーマの出題頻度　High ■■■■▷　Low ■□□□▷

FRP製浄化槽の施工	浄化槽の処理対象人員算定基準	処理フロー	浄化槽の構造
■■■■	■■■□	■■□□	■□□□

テーマ別 問題を解くためのカギ

ここを覚えれば
問題が解ける！

🔓 処理対象人員算定基準

　浄化槽の規模，容量を決めるためには，処理対象人員を算定しなければならない．処理対象人員は，対象建築物から排出される屎尿の量を人員に換算したもので，対象建築物の実人員を表したものではない．

　処理対象人員の算定は，JIS A 3302「建築物の用途別による屎尿浄化槽の処理対象人員算定基準」による．算定式は，延べ面積に係数をかけて算出するものが多く，例えば，集会場は，$n=0.08A$（n：人員，A：延べ面積）である．建築物の用途によって係数が変わるだけである．延べ面積を用いるものは，集会場のほかに，映画館，共同住宅，ホテル・旅館，診療所・医院，飲食店，図書館，事務所等がある．一方，延べ面積を用いないものもある．例えば，300床未満の病院は$n=8B$（B：ベッド数）としている．このほかに，保育所・幼稚園・小学校・中学校，公衆便所などがある．

🔓 処理対象人員 50 人以下の合併処理浄化槽

　処理対象人数 50 人以下の合併処理浄化槽の構造は，流入水を沈殿分離および嫌気性生物処理する 1 次処理装置，好気性処理する 2 次処理装置，沈殿槽，消毒槽により構成される．処理方法には，分離接触ばっ気方式，嫌気ろ床接触ばっ気方式，脱窒ろ床接触ばっ気方式がある．処理フローを図 3-6-1 に示す．

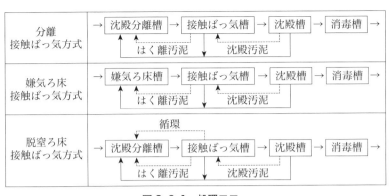

図3-6-1　処理フロー

くわしく！

ユニット形浄化槽の施工

(1) 設置位置の検討

　バキューム車による清掃作業ができない場所や飲食店の出入口付近は避ける．ブロワーなどの騒音に配慮する．

(2) 掘削と基礎工事

　掘削深さは，本体底部までの寸法，基礎コンクリート10 cm以上，ならしコンクリート5 cm以上，地面からマンホールまでの高さ2.5 cm程度を考慮する．

　ならしコンクリートは墨出しに必要であり，深く掘りすぎた場合の高さ調整にも利用できる．

　基礎コンクリートは，所要の強度が確認できるまで適切に養生する．

(3) 据付け

　本体を水平に設置し，流入管と流出管のレベルを確認する．水平が出せない場合はライナー調整をする．

　水張では，各部の水平，漏水の有無を確認する．越流せきからの越流が均等になるように調整する．満水にして24時間以上漏水しないことを確認する．

　FRP製浄化槽本体の水平確認は，水準目安線，越流せきおよび各装置の水位と流入管底，放流管底との水位差等により確認する．

出題傾向： FRP製浄化槽の施工について，掘削，墨出し，据付調整，水張り，埋め戻し等の注意事項が出題されている．

例 題 FRP製浄化槽の施工に関する記述のうち，適当でないものはどれか．

(1) 槽本体の固定金具や浮上防止金具の取付け位置の墨出しは，均しコンクリート上に行う．

(2) 槽本体の水平は，内壁に示されている水準目安線，水位などで確認する．

(3) 槽本体の漏水検査は，満水状態にして24時間放置し，漏水のないことを確認する．

(4) 槽周囲の埋戻しは，水張りしない状態で，良質土又は山砂により行う．

解 説

(1)○ 掘削をした後にならしコンクリートを5cm以上打設し，槽本体の固定金具や浮上防止金具の取付け位置の墨出しを行う．金具を固定するアンカーボルトはならしコンクリートの後に施工される基礎コンクリートに埋設されるため，ならしコンクリート上に墨出しを行う必要がある．

(2)○ 槽本体の水平は，槽に付帯している水準器，槽内壁に示されている水準目安線，越流せき，各装置の水位と流入管底放流管底との水位差等で確認する．

(3)○ 槽本体の漏水検査は，槽を満水にして24時間以上放置し，漏水のないことを確認する．

(4)× 槽の埋め戻しは，槽本体が据付位置から動かないように，水張りした状態で埋め戻しを行う．埋め戻しは，良質土または山砂で行い，数回に分け水締めを行いながら均等に突き固める．

〔解答〕 4

出題 1　FRP製浄化槽の施工に関する記述のうち，適当でないものはどれか．

(1) 掘削が深すぎた場合，捨てコンクリートで所定の深さに調整する．

(2) 地下水位による槽の浮上防止策として，固定金具や浮上防止金具などで槽本体を基礎コンクリートに固定する．

(3) 槽の水張りは，水圧による本体及び内部設備の変形を防止するため，槽の周囲を埋め戻してから行う．

(4) 槽に接続する流入管，放流管等は，管の埋設深さまで槽の周囲を埋め戻してから接続する．

Point

(1) 捨てコンクリートまたは砂利地業で調整する．

(3) 水張は**埋め戻す前**に行う．

(4) 埋め戻しの途中，流入管，放流管，空気配管，電線管等の接続を行う．さらに埋め戻す際にはそれらの管を損傷しないように注意する．

出題 2　FRP製浄化槽の施工に関する記述のうち，適当でないものはどれか．

(1) 槽が2槽に分かれる場合においても，基礎は一体の共通基礎とする．

(2) ブロワーは，隣家や寝室等から離れた場所に設置する．

(3) 通気管を設ける場合は，先下り勾配とする．

(4) 腐食が激しい箇所のマンホールふたは，プラスチック製等としてよい．

Point

(1) 槽が2槽に分かれている場合は，一体の共通基礎とする．基礎上で段差が生じると槽の配管に逆勾配が生じるおそれがある．

(2) ブロワー等の騒音クレームがおきないように隣家や寝室等から離れた場所に設ける．

(3) 通気管は，管内の水滴が自然に浄化槽に流れ込むように**先上がり勾配**とする．

(4) マンホールふたの材質は鋳物製，プラスチック製，FRP製があり，腐食の激しい箇所にはプラスチック製を使用してよい．

〔解答〕　出題1：3　　出題2：3

浄化槽

出題傾向： 浄化槽の処理対象人員算定基準および浄化槽の処理フローについて出題されている.

例題 浄化槽の構造を定める告示に示された分離接触ばっ気方式（処理対象人員 30 人以下）の処理フローとして，適当なものはどれか.

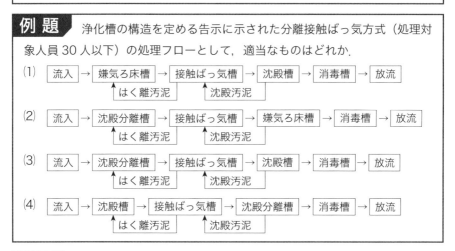

(1) 流入 → 嫌気ろ床槽 → 接触ばっ気槽 → 沈殿槽 → 消毒槽 → 放流
　　　　↑はく離汚泥　　↑沈殿汚泥

(2) 流入 → 沈殿分離槽 → 接触ばっ気槽 → 嫌気ろ床槽 → 消毒槽 → 放流
　　　　↑はく離汚泥　　↑沈殿汚泥

(3) 流入 → 沈殿分離槽 → 接触ばっ気槽 → 沈殿槽 → 消毒槽 → 放流
　　　　↑はく離汚泥　　↑沈殿汚泥

(4) 流入 → 沈殿槽 → 接触ばっ気槽 → 沈殿分離槽 → 消毒槽 → 放流
　　　　↑はく離汚泥　　↑沈殿汚泥

解説

処理対象人員 50 人以下の合併処理浄化槽については建設省告示に規定している. 構造は，沈殿分離または嫌気性生物処理する 1 次処理，好気性処理する 2 次処理，沈殿槽，消毒槽で構成されている. 名称は 1 次処理と 2 次処理の組合せで表現する. 問題の分離接触ばっ気方式は，まず，汚水が沈殿分離槽へ流入し，固形物質が重力沈降・浮上により除かれる. 固形物質が除去された汚水中の溶解物質は，接触ばっ気槽で好気性微生物の作用で処理される. 次に沈殿槽で上澄水と沈殿汚泥に分離される. 上澄水は消毒後放流される.

(3)が分離接触ばっ気方式の処理フローを示している. なお，(1)は嫌気ろ床接触ばっ気方式のフローである.

〔解答〕　3

出題 1

「建築物の用途による屎尿浄化槽の処理対象人員算定基準（JIS A 3302）」において，処理対象人員の算定式に延べ面積が用いられている建築用途に該当しないものはどれか.

(1) 映画館

(2) 旅館

(3) 事務所

(4) 保育所

Point

処理対象人員算定基準は，延べ面積×係数で算出する場合が多いが，そうでない建築物もある．**保育所・幼稚園・小学校・中学校は定員×係数（0.25）で算定する．**その他に，学校寄宿舎・老人ホーム・養護施設は定員×1，簡易宿泊所も定員×1である．

出題 2

JIS に規定する「建築物の用途別による屎尿浄化槽の処理対象人員算定基準」において，処理対象人員の算定式に，延べ面積が用いられていない建築用途はどれか.

(1) 集会場

(2) 公衆便所

(3) 事務所

(4) 共同住宅

Point

公衆便所は，総便器数×16 で算定する．その他に，病院・療養所・伝染病院はベッド数を基準に算定する．

〔解答〕 出題 1：4 　 出題 2：2

Chapter 4-1 ▶ 設備機器・材料

機器

── 分野 DATA ──
- 出 題 数 ················ 4
- 回 答 数 ················ 2
- 出題区分 ········· 選択問題

▶ テーマの出題頻度 High ■■■■ Low ■□□□

| 送風機・ポンプ | 給湯機器 小型貫流ボイラ | 飲料用給水タンク | 保温材 |

テーマ別 問題を解くためのカギ

ここを覚えれば問題が解ける！

設備機器

　設備機器については，冷凍機，ボイラ，空調機，送風機，ポンプ等さまざまな機器があるが，紙面の都合ですべてを記載するわけにはいかないので，近年出題されているものについて取り上げる．

給湯機器

　ガス瞬間湯沸器，潜熱回収型給湯器等については Capter3 の 3-2 給水・給湯の項を参照．
　開放式ガス湯沸器は，室内空間の空気を使って自然吸気で燃焼し，自然に排気される．使用中は換気扇を回す必要がある．半密閉式ガス湯沸器は，室内の空気を使って自然吸気で燃焼し，排気は煙突などの配管から屋外に排気する．密閉式ガス湯沸器は，配管を使って外気を取り込み燃焼し，排気も屋外に排気する．

小型貫流ボイラ

　貫流ボイラは，管入口の水が順次予熱，蒸発，過熱されて，管出口から過熱蒸気を取り出すボイラであり，次のような特徴がある．保有水量が少なくコンパクトでエネルギー効率が高く，設置スペースが小さくてすむ．また，保有水量が少ないため立ち上げ時間が短くなる．蒸気圧力 1 MPa 以下の小型貫流ボイラの場合は取扱いにボイラ技士の資格が不要になる，等がある．

飲料用給水タンク

　受水タンク，高置タンクに使用される材質は鋼板製，ステンレス鋼板製，FRP製，木製等がある．鋼製タンクは，腐食しやすい部品や補強材は合成ゴムや合成樹

脂で被覆したものを用いる．ステンレス製タンクは，さびにくく強度もあるが，加工性には劣る．タンク上部の気層部は塩素が滞留しやすく，耐食性に優れたステンレス鋼を使用する．FRP製タンクは，軽量で耐食性・耐候性に優れている．屋外に設置する場合は日光により内部に藻が生えることがある．

 送風機

送風機には，羽根車を通る空気の方向により，遠心送風機，軸流送風機，斜流送風機，横流送風機がある．

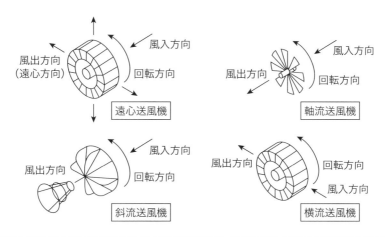

 保温材

保温材には，ロックウール，グラスウール，ポリスチレンフォーム保温材等がある．それぞれの特性を示す．

種類	使用温度上限 （目安）	温度適正			防湿性	耐炎性
		低温	常温	高温		
ロックウール	600 ℃	—	◎	◎	△	◎
	フェルト 400 ℃					○
グラスウール	350 ℃	—	◎	○	△	○
ポリスチレンフォーム	70〜80 ℃	◎	◎	—	◎	—

給湯機器

例題 給湯設備の機器に関する記述のうち, 適当でないものはどれか.

(1) 密閉式ガス湯沸器は, 燃焼空気を室内から取り入れ, 燃焼ガスを直接屋外に排出するものである.

(2) 空気熱源ヒートポンプ給湯器は, 大気中の熱エネルギーを給湯の加熱に利用するものである.

(3) 真空式温水発生機は, 本体に封入されている熱媒体の補給が不要である.

(4) 小型貫流ボイラーは, 保有水量が極めて少ないため起動時間が短く, 負荷変動への追従性が良い.

解説

(1)× 密閉式ガス湯沸器は, **燃焼空気を屋外から配管を使って取り込み,** 燃焼し, 燃焼ガスを直接屋外に排出するものである. 自然通風力により給排気を行う BF 式と, 給排気用送風機により強制的に給排気を行う FF 式がある.

(2)○ 空気熱源ヒートポンプ給湯器は, 冷媒を圧縮して高温にし, 水と熱交換して, 水はお湯となって給湯される. 冷媒は熱を放出して温度が低下する. 温度が低下した冷媒を膨張させ急激に圧力を下げると, さらに温度が下がり気温以下になる. 気温以下になった冷媒は屋外の空気と熱交換して温度が上昇する. これをさらに圧縮して高温にする. このようなサイクルを繰り返すものである.

(3)○ 真空式温水発生機は, 密閉容器内を真空ポンプで減圧し, 熱媒水を外部から加熱することで 100 ℃以下で沸騰させ, その蒸気を熱源として熱交換して温水を発生させるものである. 熱媒水の補給は不要である.

(4)○ 小型貫流ボイラの特徴は, 保有水量が少ないことである. そのため, 起動して蒸気を発生するまでの時間が短く, 負荷変動への追従性も良い.

〔解答〕 1

出題 1　給湯機器に関する記述のうち，適当でないものはどれか．

(1)　元止め式のガス瞬間湯沸器は，湯沸器の操作で給湯するもので，給湯配管ができないものである．

(2)　貯湯式電気温水器の先止め式には，逃し弁及び給水供給側に減圧逆止弁が必要である．

(3)　密閉式ガス湯沸器は，燃焼空気を室内からとり，燃焼ガスを屋外に排出する機器である．

(4)　潜熱回収型ガス給湯器には，潜熱回収時の凝縮水を中和処理する装置が組み込まれている．

Point

(1)　元止め式のガス瞬間湯沸器は，熱源より給水側にある栓を操作して給湯するものであり，お湯の出口が 1 か所のみで，給湯配管はできない．小型の湯沸器で一般家庭用はこのタイプである．

(2)　貯湯式電気温水器の先止め式は，主として局所給湯用に使われるもので，給湯先の湯栓を操作することで，貯めたお湯が給湯される．加熱による圧力上昇を防止する逃し弁および給水側に減圧逆止弁が必要である．

(4)　従来型の給湯器はガスの燃焼熱を熱交換器（1 次熱交換器）で給水を湯にするものである．潜熱回収型ガス給湯器は，一次熱交換器に加えて 2 次熱交換器を設置し，約 200 ℃ある排ガスの顕熱と排ガス中に含まれる水蒸気が凝縮する際の潜熱を回収するものである．燃焼排ガスは約 50〜80 ℃まで低下させた熱効率に優れた給湯器である．潜熱回収の際の凝縮水には窒素酸化物が溶け込むため PH3 程度の酸性になる．炭酸カルシウム（$CaCO_3$）を用いて中和処理している．

〔解答〕　出題 1：3

送風機・ポンプ

例題
遠心ポンプに関する記述のうち, 適当でないものはどれか.

(1) ポンプの吐出量の調整は, 吸込み側に設けた弁で行う.

(2) 実用範囲における揚程は, 吐出量の増加とともに低くなる.

(3) 同一系統において, ポンプを並列運転して得られる吐出量は, それぞれのポンプを単独運転した吐出量の和より小さくなる.

(4) 軸動力は, 吐出量の増加とともに増加する.

解説

(1)× ポンプの吸込み側の弁を絞るとキャビテーションが起こることがある. キャビテーションとは, 液体が飽和蒸気圧以下の低圧状態になったときに気化して気泡が発生する現象である. ポンプは水の圧力を上げて送り出す機械で, 吐出側では正圧になるが吸込み側では圧力の低い場所が発生する. その場所の圧力が飽和蒸気圧以下になるとキャビテーションが発生する. キャビテーションが発生すると振動や騒音, 揚水能力の低下, ポンプ部品の損傷を引き起こす. ポンプの吐出量の調整は, 吐出側で行う.

(2)○ 吐出量が0のとき全揚程が最大で, 吐出量の増加とともに低くなる.

(3)○ 2台のポンプを並列運転した場合の総合性能曲線を図4-1-1に示す. この図4-1-1でポンプA, Bの揚程曲線をそれぞれA, Bとすると, 並列運転の場合の総合揚程曲線Cは同一揚程におけるA, Bの和になる. 送水管の抵抗曲線をRとすると, 並列運転した場合の運転点は曲線CとRの交点になり, 吐出量はQ_3となり, 揚程はHになり, ポンプA, Bの吐出量はQ_1', Q_2'になる. ポンプを単独で運転した場合の吐出量はQ_1, Q_2であり, $Q_3 = Q_1' + Q_2' < Q_1 + Q_2$となる. したがって, ポンプを並列運転して得られる吐出量は, それぞれのポンプを単独運転した吐出量の和よりも小さくなる.

(4)○ 吐出量が0のとき軸動力が最小で, 吐出量の増加とともに増大する.

〔解答〕 1

機器

配管材料 ダクト及び付属品

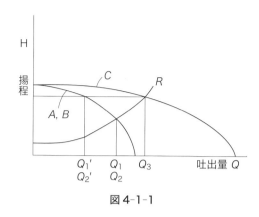

図 4-1-1

出題1 送風機及びポンプに関する記述のうち，適当でないものはどれか．

(1) 斜流送風機は，ケーシングが軸流式の形状のものと，遠心式の形状のものがある．

(2) 遠心送風機のうち，多翼送風機は，羽根車の出口の羽根形状が回転方向に対して前に湾曲している．

(3) 水中モーターポンプは，耐水構造の電動機を水中に潜没させて使用できるポンプである．

(4) 給水ポンプユニットの末端圧力一定方式は，ポンプ吐出側の圧力を検知し水量の増減に関係なく圧力が一定になるように制御する方式である．

Point

(1) 斜流送風機のケーシング形状は軸流形状のものと遠心形状のものがある．

(2) 遠心送風機には，羽根車の出口形状が回転方向に対して前に傾斜している多翼送風機があり，通称シロッコファンと呼ばれている．

(3) 水中モータポンプは，ポンプと耐水構造の電動機を一体にして水中に潜没させて使用する．

(4) 末端圧力一定方式は，給水ポンプから最も遠い末端部分の圧力がほぼ一定になるように制御する方式である．

〔解答〕 出題1：4

飲料用給水タンク・保温

出題傾向： 毎回 0～1 問出題されている．FRP 製，鋼板製，ステンレス鋼板製飲料用給水タンクの特徴．保温材については特徴と用途．

例 題 飲料用給水タンクに関する記述のうち，適当でないものはどれか．

(1) 鋼板製タンク内の防錆処理は，エポキシ樹脂等の樹脂系塗料によるコーティングを施す．

(2) FRP 製タンクは，軽量で施工性に富み，日光を遮断し紫外線にも強い等優れた特性を持つ．

(3) ステンレス鋼板製タンクを使用する場合，タンク内上部の気相部は塩素が滞留しやすいので耐食性に優れたステンレスを使用する．

(4) 通気口は，衛生上有害なものが入らない構造とし，防虫網を設ける．

解 説

(1)○ 炭素鋼板製タンクは，加工がしやすく，価格も比較的安いが，さびやすいという欠点がある．そのため，内面はエポキシ樹脂系塗料でライニング塗膜を施す．外面の塗装は，日光や風雨による劣化があるので，定期的な塗替えが必要であるが，内面の樹脂ライニングはほぼ劣化がない．

(2)× FRP 製タンクは軽量で施工性に富み，耐食性・耐候性に優れているが，屋外に設置されるタンクでは，日光により内部に藻が生えたり，紫外線により劣化する等の欠点がある．

(3)○ ステンレス鋼板製タンクはさびにくいという点が最大の特徴であるが，鋼板製に比べ加工性が劣る，高価である等の欠点もある．また，ステンレス鋼は塩素イオンの存在下では耐食性に問題がある．タンク内上部の気相部は塩素が滞留しやすいので，SUS329J4L 等の耐食性に優れたステンレス鋼が使われる．

(4)○ 飲料用給水タンクには，通気管を設ける．通気管は衛生上虫やほこり等が入らないようにその管端には防虫網を設ける．

〔解答〕 2

出題 1　飲料用給水タンクに関する記述のうち，適当でないものはどれか．

(1)　2 槽式タンクの中仕切り板は，一方のタンクを空にした場合にあっても，地震等により損傷しない構造のものとする．

(2)　屋外に設置する FRP 製タンクは，藻類の増殖防止に有効な遮光性を有するものとする．

(3)　タンク底部には，水の滞留防止のため，吸込みピットを設けてはならない．

(4)　通気口は，衛生上有害なものが入らない構造とし，防虫網を設ける．

Point

(1)　タンクは複数の槽に分割したものがあるが，空になった槽があっても，水圧あるいは地震等に耐えうるような安全率で設計されている．

(3)　内部の保守点検が容易に行えるように，タンク底部には 1/100 程度の勾配をつけ，吸込みピット等を設ける．

出題 2　保温材に関する記述のうち，適当でないものはどれか．

(1)　グラスウール保温材は，ポリスチレンフォーム保温材に比べて吸水性や透湿性が小さい．

(2)　ポリスチレンフォーム保温材は，主に保冷用として使用される．

(3)　人造鉱物繊維保温材には，保温筒，保温板，保温帯等の形状のものがある．

(4)　ロックウール保温材は，耐火性に優れ，防火区画の貫通部等に使用される．

Point

(1)　グラスウール保温材は，平均 7 μm 程度の太さの繊維が不規則に重なりあって，その繊維の間に多量の空気が存在する．水にぬれた場合は，**吸水性，吸湿性が大きい**．

(2)　ポリスチレンフォーム保温材の使用温度は，保温板で 80 ℃以下，保温筒で 70 ℃以下である．

(3)　人造鉱物繊維保温材には，形状によりウール，保温板，フェルト，波状保温板，保温帯，ブランケット，保温筒がある．

(4)　ロックウール保温材は耐火性に優れている．

〔解答〕　出題 1：3　　出題 2：1

出題傾向： 毎回0～1問出題されている．ポンプ，吸収冷温水機，送風機等の特徴．

例 題

設備機器に関する記述のうち，適当でないものはどれか．

(1) 遠心ポンプでは，一般的に，吐出量が増加したときは全揚程も増加する．

(2) 飲料用受水タンクには，鋼板製，ステンレス製，プラスチック製及び木製のものがある．

(3) 軸流送風機は，構造的に小型で低圧力，大風量に適した送風機である．

(4) 吸収冷温水機は，ボイラーと冷凍機の両方を設置する場合にくらべ，設置面積が小さい．

解 説

(1)× 遠心ポンプの全揚程は，吐出量が0のとき最大で，吐出量の増加とともに減少する．

(2)○ 飲料用受水タンクには，鋼板製，ステンレス製，プラスチック製（FRP製），木製がある．それぞれに特徴があり，使用目的や使用環境に応じて適切に選定する．

(3)○ 軸流送風機は，構造的に高速回転が可能，小型，低圧力という特徴がある．一般的に，軸流送風機は，低圧力・大風量に適している．

(4)○ 吸収冷温水機は，冷水と温水を同時に取り出すことができるため，ボイラと冷凍機をそれぞれ設置するよりも省スペースである．

〔解答〕　1

出題 1 設備機器に関する記述のうち，適当でないものはどれか．

(1) 吸収冷凍機は，吸収液として臭化リチウムと水の溶液，冷媒として水を使用している．

(2) 冷却塔は，冷却水の一部を蒸発させることにより，冷却水の温度を下げる装置である．

(3) 軸流送風機は，構造的に小型で，高圧力，小風量に適した送風機である．

(4) 渦巻ポンプの実用範囲における揚程は，吐出し量の増加と共に低くなる．

Point

(1) 吸収冷凍機は，冷媒に水，吸収液に臭化リチウム水溶液を用いている．

(2) 冷却塔は，冷却水の一部を蒸発させることにより，その潜熱で冷却水の温度を下げている．

(3) 軸流送風機は，**小型・低圧力・大風量に適する**．

(4) 渦巻ポンプの全揚程は，吐出量が 0 のとき最大で，吐出量の増加とともに減少する．

出題 2 設備系の制御や監視に用いられる「機器」と「制御・監視対象」の組合せのうち，適当でないものはどれか．

（機 器）	（制御・監視対象）
(1) 電極棒 ————————	受水タンクの水位監視
(2) サーモスタット ———	室内の湿度制御
(3) 電動二方弁 ————	冷温水の流量制御
(4) レベルスイッチ ———	汚物用水中モーターポンプの運転制御

Point

(1) 受水タンクの水位監視は電極棒で水位を検出する．

(2) サーモスタットは**室内の温度の検出に用いる**．湿度の検出にはヒューミディスタットを用いる．

(3) 冷温水コイルに流れる冷温水量を電動二方弁で制御している．

(4) 汚物槽のレベルスイッチは，フロートスイッチを用いる．

〔解答〕 出題 1：3 出題 2：2

配管材料

—— 分野 DATA ——
・出 題 数 ···················· 4
・回 答 数 ···················· 2
・出題区分 ··········· 選択問題

▶テーマの出題頻度　High ■■■■　Low ■□□□

 プラスチック管
 弁類
 鋼管・銅管
 継手・ストレーナー

テーマ別 問題を解くためのカギ

ここを覚えれば
問題が解ける！

総括

鋼管，銅管，プラスチック管，弁，継手，ストレーナ等満遍なく出題されている．

鋼管・銅管

配管用炭素鋼鋼管（SGP）	亜鉛めっきを施した白管と施していない黒管がある．使用圧力が比較的低い蒸気，水，空気等の配管に用いられる．
水道用硬質塩化ビニルライニング鋼管	配管用炭素鋼鋼管の内面に硬質ポリ塩化ビニルをライニングしたものである．
排水用硬質塩化ビニルライニング鋼管	薄肉鋼管の内面に硬質ポリ塩化ビニルをライニングしたもので，ねじ加工ができない．MDジョイントを用いる．
銅管	給水・給湯配管，熱交換器等に使われる．銅および銅合金継目無管のりん脱酸銅の硬質管は肉厚により，K，LおよびMタイプに分類される．

プラスチック管

硬質ポリ塩化ビニル管	圧力によって VP・HIVP，VM，VU があり，設計圧力は VP・HIVP＞VM＞VU である．
水道用硬質ポリ塩化ビニル管	使用圧力 0.75 MPa 以下の水道の配管に使用され，VP と HIVP（耐衝撃性）がある．
排水用リサイクル硬質ポリ塩化ビニル管	使用済み塩ビ管・継手をリサイクルした屋外排水用塩ビ管で無圧排水用である．
排水・通気用耐火二層管	硬質ポリ塩化ビニル管またはリサイクル硬質ポリ塩化ビニル発泡三層管に，繊維補強モルタルで耐火被覆したもので，防火区画貫通部1時間遮炎性能の規格に適合したもの．
水道用ポリエチレン二層管	使用圧力 0.75 MPa 以下の水道の布設に用いられ，1 種，2 種，3 種がある．
架橋ポリエチレン管	耐熱性，耐クリープ性を飛躍的に向上させた管．構造により M 種（単層管），E 種（二層管）がある．

弁

仕切弁	弁体が上下して流体を垂直に遮断する．開閉に時間がかかる．
玉型弁	流体抵抗が大きいが，半開でも使用でき，流量調整に適している．
バタフライ弁	円盤状の弁体が回転することで開閉する．構造が簡単で，取付けが容易である．
ボール弁	コック状のハンドルを回転させることにより弁体のボールを回転させ，開閉を行う．小型軽量で操作が簡単である．
逆止め弁	流体を一方向のみに流すもので，スイング，リフト式等がある．
ボールタップ	タンクへの給水を自動的に閉止し，水位を一定に保つ．

継手・ストレーナー

ベローズ型伸縮管継手	リン青銅あるいはステンレス製のベローズによって伸縮を吸収する．
スリーブ型伸縮管継手	スリーブパイプと継手本体とをスライドさせて伸縮を吸収する．伸縮吸収量はベローズ型より大きい．
ストレーナー	配管中のごみを阻集する．Y 形，U 形，V 形，T 形がある．

機器

配管材料

ダクト及び付属品

出題傾向： 炭素鋼管，硬質ポリ塩化ビニル管，ポリエチレン管，弁，継手，ストレーナー等さまざまで広く出題されている．

例 題 配管材料に関する記述のうち，適当でないものはどれか．

⑴ 排水・通気用耐火二層管は，防火区画貫通部1時間遮炎性能に適合する．

⑵ 水道用硬化ポリ塩化ビニル管の種類には，VPとHIVP（耐衝撃性）がある．

⑶ 水道用ポリエチレン二層管の種類は，1種，2種，3種がある．

⑷ 排水用リサイクル硬化ポリ塩化ビニル管（REP-VU）は，屋内排水用の塩化ビニル管である．

解 説

⑴○ 排水・通気用耐火二層管は，内層の硬質ポリ塩化ビニル管と外層の繊維混入セメントモルタルの二層構造からなる．内層の硬質ポリ塩化ビニル管は耐腐食性，柔軟性，耐火性に優れかつ低価格であるが，耐熱性と耐衝撃性を欠く．外層の繊維混入セメントモルタルは耐火性，耐熱性に優れている．建築基準法第68条の26第1項に基づき，防火区画貫通部1時間遮炎性能の規格に適合するものである．

⑵○ 水道用硬質ポリ塩化ビニル管は，使用圧力0.75MPa以下の水道の配管に使用され，VPとHIVP（耐衝撃性）がある．VPは，低温になるに従って脆くなり衝撃強さが低下する．衝撃強さが要求される箇所では，低温時の衝撃性能を強化したHIVPが望ましい．

⑶○ 水道用ポリエチレン二層管は，耐候性の高い外層と耐塩素性の高い内層の二層管であり，種類は1種（低密度または中密度ポリエチレン），2種（高密度ポリエチレン），3種（ISO規格寸法）がある．

⑷× 排水用リサイクル硬質ポリ塩化ビニル管は，使用済みの塩化ビニル管類をリサイクルした管で，屋外排水設備に使用する排水管に用いる．

〔解答〕 4

出題 1　配管材料に関する記述のうち，適当でないものはどれか．

⑴　配管用炭素鋼鋼管には黒管と白管があり，白管は，黒管に溶融亜鉛めっきを施したものである．

⑵　銅及び銅合金の継目無管のうち，りん脱酸銅の硬質管は，肉厚によりK, L及びMタイプに分類される．

⑶　水道用硬質塩化ビニルライニング鋼管のうち，SGP-VAは，配管用炭素鋼鋼管の内面と外面に硬質ポリ塩化ビニルをライニングしたものである．

⑷　排水用硬質塩化ビニルライニング鋼管は，ねじ加工ができないため，MD継手等を使用する．

Point

⑴　配管用炭素鋼鋼管（SGP）は黒皮のままの黒管と溶融亜鉛めっきを施した白管がある．

⑵　りん脱酸銅の硬質管は肉厚によりK, L, Mタイプがあり，通常Mタイプを用いる．

⑶　SGP-VAは配管用炭素鋼の内面にライニングしたもの．

⑷　薄肉間の内面に硬質ポリ塩化ビニルをライニングしたもので，軽量であるが，肉厚が薄く，ねじ加工ができないため，MD継手等を使用する．

出題 2　配管材料及び配管付属品に関する記述のうち，適当でないものはどれか．

⑴　伸縮管継手は，流体の温度変化に伴う配管の伸縮を吸収するために設ける．

⑵　硬質ポリ塩化ビニル管のVU管は，VP管に比べ耐圧性が高い．

⑶　銅管は，肉厚の大きい順にK, L, Mタイプがあり，一般的に，Mタイプを用いることが多い．

⑷　フレキシブルジョイントは，ゴム製とステンレス製に大別され，使用流体の種類，温度及び圧力により使い分ける必要がある．

Point

⑴　伸縮継手は配管の温度変化による伸縮を吸収する目的で設ける．

⑵　硬質ポリ塩化ビニル管は耐圧性の高い順にVP, VM, VUになる．

⑷　フレキシブルジョイントは，配管軸に対して直角方向の変位を吸収する．ゴム製とステンレス製に大別され使用条件により使い分ける必要がある．

〔解答〕　出題1：3　　出題2：2

弁・継手

例 題 弁の構造及び特徴に関する記述のうち，適当でないものはどれか．

(1) 仕切弁は，弁体が上下に作動し流体を仕切るもので，開閉に時間がかかる．

(2) 玉型弁は，圧力損失が仕切弁より大きいが，流量を調整するのに適している．

(3) バタフライ弁は，コンパクトであり，重量が軽いことから取付けが容易である．

(4) ボール弁は，流体の流れ方向を一定に保ち，逆流を防止する弁である．

解 説

(1)○ 弁体が上下に作動し，流体の流路を垂直に遮断する．全開時には，開度が口径と同じになるため，流体の圧力損失が少ないが，リフトが長いため開閉に時間がかかる．

(2)○ 流体は弁箱内を下から上に流れるため，圧力損失が大きい．その反面，流量を調整するのには適している．

(3)○ 弁箱の中心軸に円板状の弁体を取り付け，軸を回転させることで，弁体が流路を遮る．小型軽量で，取付けが容易である．

(4)× ボール弁は，ハンドルが回転することで，ボールが回転し，開閉を行う．ボールの中央は貫通しており，流路と貫通穴が一致すると全開になり，90°回転すると全閉になる．問題文は，逆止弁の説明である．

〔解答〕 4

 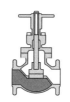 

仕切弁（ゲート弁）　　玉型弁（グローブ弁）　　バタフライ弁　　ボール弁

出題 1　配管付属品に関する記述のうち，適当でないものはどれか．

(1) 逆止め弁は，チャッキ弁とも呼ばれ，スイング式やリフト式がある．

(2) 自動空気抜き弁は，配管に混入した空気を自動的に排出する目的で使用する．

(3) ストレーナーは，配管中のゴミ等を取り除き，弁類や機器類の損傷を防ぐ目的で使用する．

(4) 定水位調整弁は，汚水槽や雑排水槽の水位を一定に保つ目的で使用する．

Point

(1) 逆止め弁は，流れを一方向に流し，逆流を防止するもので，スイング式，リフト式などがある．

(2) 自動空気抜き弁は，配管に混入した空気を自動で排出する．

(3) ストレーナーは，配管中のごみを取り除き，弁類や機器の損傷を防ぐ．

(4) 定水位調整弁は，**受水タンクの給水を自動的に行う弁**である．

出題 2　配管材料に関する記述のうち，適当でないものはどれか．

(1) フレキシブルジョイントは，屋外埋設配管の建物導入部における変位吸収継手としても使用される．

(2) 架橋ポリエチレン管は，構造により単層管と二層管に分類される．

(3) ポリブデン管継手には，メカニカル式，電気融着式及び熱融着式がある．

(4) ベローズ形伸縮管継手は，スリーブ形伸縮管継手よりも伸縮吸収量が大きい．

Point

(1) 建物導入部の変位は，管軸に垂直な成分もあるので，フレキシブルジョイントを使用する．

(2) 架橋ポリエチレン管には，M 種（単層式），E（二層式）がある．

(3) ポリブデン管継手は，M 種の継手（メカニカル式），E 種の継手（電気融着式），H 種の継手（熱融着式）がある．

(4) 伸縮吸収量は，ベローズ形伸縮管継手で単式 35 mm，複式 70 mm，スリーブ形伸縮管継手は 100 mm と 200 mm がある．

〔解答〕　出題 1：4　　出題 2：4

Chapter 4-3 ▶ 設備機器・材料

ダクト・付属品

━━ 分野 DATA ━━
・出 題 数 ················· 4
・回 答 数 ················· 2
・出題区分 ·········· 選択問題

▶テーマの出題頻度 High ■■■■□ Low ■□□□□

■■■■□	■■■■□	■■■□□	■□□□□
ダクト	吹出口	防火ダンパー	ガイドベーン フランジ用ガスケット

テーマ別 問題を解くためのカギ

ここを覚えれば 問題が解ける！

ダクトの施工についてはChapter5の5-6で取り上げられていて重複する部分がある．ここでは，ダクト・付属品の種類等についてのみ取り上げる．

🔓 ダクト

ダクトの形状，経路について①ダクトのアスペクト比（長辺と短辺の比）は4以下とする．②エルボの内側半径は，長方形ダクトでは半径方向の幅の1/2以上，円形ダクトでは直径の1/2以上とする．③ダクトの拡大縮小は，拡大部は15度以内，縮小部は30度以内とする．

スパイラルダクトは，亜鉛鉄板をスパイラル状に甲はぜ機械掛巻きしたもので次のような特徴がある．①高圧ダクトにも適用できる．②甲はぜが補強の役目を果たし強度が高い．

フレキシブルダクトは，グラスウール製と金属製があり，ダクトと吹出口チャンバーとの接続や可撓性や防振性が必要な場所に使われる．

グラスウール製ダクトは，グラスウール厚さ25 mm，密度58 kg/m^{3}以上の保温板または保温筒の外面にガラス糸で補強されたアルミニウムはくクラフト紙で被覆したもの．

たわみ継手は，空調機，送風機等とダクトまたはチャンバーを接続する場合に，振動伝播を防止するために使用する．

🔓 フランジ用ガスケット

ガスケットの厚さは，アングルフランジ用は3 mm以上，コーナーボルト工法フランジ用は5 mm以上が一般的である．材質は，繊維系，ゴム系，樹脂系のものがある．

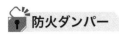
防火ダンパー

防火ダンパーには，温度ヒューズ形ダンパー，煙感知器連動形ダンパー，熱感知連動形ダンパーがある．温度ヒューズ形ダンパーはダンパー部に高熱の気流が達すると，ヒューズが溶融してダンパーが閉じる．

吹出口

吹出口は，吹出気流の方向性によって軸流吹出口とふく流吹出口に分かれる．さらに，軸流吹出口には，格子形，ノズル形，スポット形等があり，ふく流吹出口には，シーリングディフューザー形がある．ディフューザー形吹出口は誘引作用が大きく吹出空気と室内空気がよく混合し，気流拡散が優れているので，吹出空気速度を小さくすることができる．

ガイドベーン

案内羽根とも呼ばれ，ダクトの直角エルボ等に設け，コーナー部での圧力損失を低減させる．

機器

配管材料

ダクト及び付属品

ダクト

次章の施工で深堀りしているが，ここでの問題は必須問題で，概要についての出題になる．

例題
ダクト及びダクト付属品に関する記述のうち，適当でないものはどれか．

(1) 長方形ダクトのアスペクト比（長辺／短辺）は，小さい方が圧力損失の面から有利である．

(2) 防火ダンパーは，ヒューズが溶解してダンパーが閉じるものである．

(3) 長方形ダクトの板厚は，ダクトの周長により決定する．

(4) ダクトの曲り部にガイドベーンを入れると，局部抵抗を減少できる．

解説

(1)○　長方形ダクトの摩擦抵抗による圧力損失を考えると，正方形に近いほうが望ましい．アスペクト比は 4 以下に抑えることが望ましいが，収まり上どうしても厳しい場合でも 8 を超えないようにする必要がある．

(2)○　防火ダンパーには，温度ヒューズ形ダンパー，煙感知器連動形ダンパーおよび熱感知器連動形ダンパーがある．温度ヒューズ形ダンパーは，設定温度を超えた空気が通過するとヒューズが溶けて自動的に閉じて，ダクト内の流れを遮断する．温度ヒューズの設定温度は，一般的な排気ダクトでは 72 ℃，厨房排気ダクトでは 120 ℃である．

(3)×　長方形ダクトの長辺と短辺とでは長辺のほうが強度が必要になる．したがって，板厚を決める場合は，長辺を基準に決定する．

(4)○　ダクトの曲り部では，渦流が発生し局部抵抗が大きくなる．そのため，流れを所定の方向に流すガイドベーン（案内羽根）を入れ，局部抵抗を減少させる．

〔解答〕 3

出題 1　ダクト及びダクト付属品に関する記述のうち，適当でないものはどれか.

(1)　たわみ継手は，ダクトと当該ダクトを接続する機器との位置合わせに使用する.

(2)　案内羽根(ガイドベーン)は，直角エルボなどに設け，圧力損失を低減する.

(3)　スパイラルダクトは，亜鉛鉄板をスパイラル状に甲はぜ掛け機械巻きしたものである.

(4)　フレキシブルダクトは，一般的に，ダクトと吹出口等との接続用として用いられる.

Point

(1)　たわみ継手は，機器とダクトを接続する場合に，**振動の伝播を防止する**ために使用する.

(3)　スパイラルダクトは，亜鉛鉄板をスパイラル状に甲はぜ機械掛けしたもので，甲はぜが補強の役目も果たしている.

(4)　ダクトと吹出口が偏心する場合は，フレキシブルダクトを用いる.

出題 2　ダクト及びダクト付属品に関する記述のうち，適当でないものはどれか.

(1)　ステンレス鋼板製ダクトは，厨房等の湿度の高い室の排気ダクトには使用しない.

(2)　硬質塩化ビニル板製ダクトは，腐食性ガス等を含む排気ダクトに用いられる.

(3)　グラスウール製ダクトは，吹出口及び吸込口のボックス等に用いられる.

(4)　フランジ用ガスケットの材質は，繊維系，ゴム系，樹脂系がある.

Point

(1)　ステンレス鋼は，耐食性に富んだ材料なので，**湿度の高い腐食環境で使われる**ことがある.

(2)　硬質塩化ビニルは，耐食性に優れているため，腐食性ガスの排気ダクトに用いる.

(3)　グラスウール製ダクトは，ボックス，チャンバーに用いられる.

(4)　ガスケットは，飛散のおそれがないことや耐久性に富むことが要求される. 材質は，繊維系，ゴム系，樹脂系がある.

〔解答〕　出題1：1　　出題2：1

機器　配管材料　ダクト及び付属品

施工計画

── 分野 DATA ──
・出 題 数 ⋯⋯⋯⋯⋯⋯ 4
・回 答 数 ⋯⋯⋯⋯⋯⋯ 2
・出題区分 ⋯⋯⋯⋯ 選択問題

▶ テーマの出題頻度　

設計図書（優先順位）

記載事項

施工計画
（材料の発注納入）
着工に伴う諸届・申請

完成検査
引渡し
現地調査

テーマ別 問題を解くためのカギ

ここを覚えれば
問題が解ける！

 契約書・設計図書の確認

　契約書の確認は，最初に行う重要な事項である．一般に使用される契約書として，国や地方自治体等の発注工事契約向けの「公共工事標準仕様請負契約約款」がある．この約款に記載されている条項で問題に関わる部分は，①設計図書には，別冊の図面，仕様書，現場説明書および現場説明に対する質問回答書がある，②発注者が監督員を置いたときの監督員の権限，③受注者が定める現場代理人の責任と権限について等である．

設計図書間に相違がある場合

　設計図書は相互に補完するものであるが，設計図書間に食い違いがある場合がある．この場合の一般的な優先順位は，質問回答書，現場説明書，特記仕様書，図面，標準仕様書の順となるが，監督員と協議を行うことが重要で，協議の結果を記録しておく．

現地調査

　現地調査の主なものは，周囲の状況，隣接建物と敷地境界線の関係，周囲の道路状況，施工上の問題点等である．

着工に伴う諸届・申請

　発注者に提出する書類について，必要書類，書式等について打ち合わせをして確認しておく．労務関係の法的手続については，労働基準法，労働安全衛生法の規定により必要とされる書類を作成し所轄の労働基準監督署長等に提出する．諸官庁届出・申請については，届出・申請の種類，提出時期，提出先を確認し，作成してお

かなければならない.

 機器材料の発注・搬入計画

　機器・材料の発注等については，メーカーリストの中から選定し，主要機材発注一覧表のようなものを作成する．また，納期，搬入時期，機材の保管，検査についても計画をしておく．

 完成検査

　完成検査は，完成に伴い，自主検査を実施し，不備のないことを確認する．自主検査後，官庁検査が必要な設備・機器について検査申請書の作成提出を行い，完成または落成検査を受ける．発注者の完成検査は，契約書，設計図書に基づき外観・機能等のすべてを施主の立場で検査する．

 引渡し

　引渡しは，装置の取扱・設計関係事項・施工状況・運転指導・保守管理上必要な事項等について発注者に説明を行う．

　完成検査後に次の書類を引き渡す.
① 取扱い説明書（運転・保守・法規等の関係）
② 機器メーカー連絡先
③ 完成図
④ 機器の保証書
⑤ 引渡し書
⑥ 機器類の試験成績表，試運転記録
⑦ 関係官庁届出書類の控，検査証
⑧ 工事記録写真
⑨ 緊急連絡先一覧表
⑩ 予備品・工具等

 機器仕様の記載事項

　各種機器を設計図書に表現する場合は，その能力，台数などを記載する.
　記載例：ボイラー（形式，定格出力），冷凍機（冷凍能力騒音値），送風機（形式，呼び番号），ポンプ（吸込口径），貯湯ガス湯沸器（貯湯量，ガスの種類）

施工計画

例題 公共工事における施工計画に関する記述のうち，適当でないものはどれか．

(1) 設計図書及び工事関係図書は，監督員の承認を受けた場合を除き，工事の施工のために使用する以外の目的で第三者に使用させない．

(2) 現場代理人は，主任技術者を兼ねることができる．

(3) 施工計画書に記載された品質計画は，その妥当性について監督員の承諾を得る．

(4) 設計図書の中にくい違いがある場合は，現場代理人の責任で対応方法を決定し，その結果を記録に残す．

解説

(1)○ 公共工事において，秘密の保持は当然の義務である．公共工事標準請負契約約款には「受注者は，この契約の履行に関して知り得た秘密を漏らしてはならない」とある．また，公共建築工事標準仕様書に問題文と同一の項目が記載されている．

(2)○ 現場代理人は，受注者（請負人）の代理として役割を与えられた者であり，選任について法的義務はない．主任技術者は，一定の要件を満たす請負工事において配置が必要であり，建設業法で選任・常駐の義務があることを定めている．現場代理人には，法的拘束がないので，主任技術者を兼ねることは許される．

(3)○ 監督員は発注者が現場の代理者として選任する者である．品質計画は施工において重要な確認項目であるため，発注者の代理者である監督員の承諾を得る必要がある．

(4)× 設計図書の中にくい違いがある場合は，監督員と協議し対応方法を決定し，その結果を記録する必要がある．

〔解答〕 4

出題 1　公共工事において，工事完成時に監督員への提出が必要な図書等に該当しないものはどれか．

(1)　工事安全衛生日誌等の安全関係書類の控え

(2)　官公署に提出した届出書類の控え

(3)　空気調和機等の機器の取扱説明書

(4)　風量，温湿度等を測定した試運転調整の記録

Point

　重要事項まとめに，引渡し時に監督員への提出が必要な図書を 10 項目挙げている．この中にないのは，工事安全衛生日誌等の安全関係書類の控えである．**安全関係書類の控えは，契約事項に特記されない限り，提出の必要はない．**

出題 2　施工計画に関する記述のうち，適当でないものはどれか．

(1)　施工図を作成する際は，施工上の納まりのほか，他工事との取り合いについても調整する．

(2)　仮設に使用する機材は，設計図書に定める品質及び性能を有するもので，かつ，新品とする必要がある．

(3)　機器を選定する際は，コスト，品質及び性能のほか，納期についても考慮する必要がある．

(4)　施工図は，工事工程に支障のないように，作成順序，作成予定日等をあらかじめ定めて作成する．

Point

(1)　施工計画時に施工上の納まりや他との取り合いの調整を行う必要がある．

(2)　工事に使用する機材は，品質および性能を有する新品とするが，仮設材については，**新品である必要はない．**

(3)　機器選定の際は，メーカーリストを作成し，コスト，性能，品質，納期等について考慮する．

(4)　施工図の出図の遅れは，工事工程に多大な影響を及ぼす．作成順序，作成予定日をあらかじめ定めておくべきである．

〔解答〕　出題 1：1　　出題 2：2

設計図書

例題 公共工事における施工計画等に関する記述のうち，適当でないものはどれか.

(1) 受注者は，総合施工計画書及び工種別の施工計画書を監督員に提出する.

(2) 発注者は，現場代理人の工事現場への常駐義務を一定の要件のもとに緩和できる.

(3) 設計図面と標準仕様書の内容に相違がある場合は，標準仕様書の内容が優先される.

(4) 受注者は，設計図書の内容や現場の納まりに疑義が生じた場合，監督員と協議する.

解説

(1)○ 総合施工計画書は，工事全般についての計画書であり，現場施工体制，仮設計画，災害・公害対策，出入口の管理，危険箇所の点検方法，緊急時の連絡方法等が含まれる. 工種別の施工計画書は，施工要領書とも呼ばれ，機器据付，配管，ダクト等工種別に作成する. 総合施工計画書および施工計画書は施工に先立ち監督員に提出する.

(2)○ 現場代理人の配置については，法的には定めがないが，公共工事標準請負約款で定められているため，契約上の配置義務が生じることになる. 「法律上の配置義務はないが，契約上の配置義務はある」という形になる.

現場代理人の常駐については，「工事の規模・内容について，安全管理，工程管理等の現場の運営，取締り等が困難でないこと」「発注者又は監督員と常に携帯電話等で連絡が取れること」を条件に常駐を緩和することができる.

(3)× 設計図書間でくい違いがある場合の優先順位は，①質問回答書，②現場説明書，③特記仕様書，④設計図書，⑤標準仕様書の順番になる. 標準仕様書は各工事共通の仕様書であるため，優先順位は低い.

(4)○ 設計図書の内容について疑問点や設計図書間での相違点がある場合は，受注者は監督員と協議することが重要である.

〔解答〕 3

出題 1 　設計図書間に相違がある場合において，一般的な適用の優先順位として，適当でないものはどれか．

(1) 図面より質問回答書を優先する．

(2) 標準仕様書より図面を優先する．

(3) 現場説明書より標準仕様書を優先する．

(4) 現場説明書より質問回答書を優先する．

Point

　優先順位の考え方は，特定の工事に特化したものが優先順位は高く，各工事共通で定めたものが低くなる．したがって，質問回答書が優先順位が最も高く，標準仕様書（共通仕様書）が低くなる．

出題 2 　総合的な施工計画を立てる際に行うべき業務として，適当でないものはどれか．

(1) 設計図書にくい違いがある場合は，現場代理人が判断し，その結果の記録を残す．

(2) 材料及び機器について，メーカーリストを作成し，発注，納期，製品検査の日程などを計画する．

(3) 設計図書により，工事内容を把握し，諸官庁へ提出が必要な書類を確認する．

(4) 敷地の状況，近隣関係，道路関係を調査し，設計図書で示されない概況を把握する．

Point

　設計図書にくい違いがある場合は，監督員と協議し，その結果の記録を残す．

(2)から(4)は施工計画を立てる際に行うべき業務である．

〔解答〕　出題 1：3　　出題 2：1

工程管理

▶テーマの出題頻度　High　Low

ネットワーク工程表　　バーチャート　　ガントチャート　　工程管理
　　　　　　　　　　　　　　　　　　各種工程表　　曲線式工程表

テーマ別 問題を解くためのカギ

ここを覚えれば
問題が解ける！

🔑 工程管理

　建築設備工事の工程管理は，常に建築工事等の関連工事業者と協議して決めた工程に合わせて行わなければならない．総合工程表は，仮設計画から，資材調達，労務，施工順序，試運転，後片付けに至る大要を表したものである．

🔑 各種工程表

　設備工事で用いられる工程表には，横線式工程表（ガントチャート，バーチャート），曲線式工程表（バナナ曲線），ネットワーク工程表がある．

🔑 ガントチャート

　各作業の完了時点を 100 ％として横軸にその達成度をとり，現在の進捗状況を横棒で示したものである．各作業の進捗状況はわかりやすいが，各作業の前後関係が不明，工事全体の進捗度が不明，各作業の日程および所要工数が不明等の欠点がある．

🔑 バーチャート

　設備工事で広く使われている工程表で，縦軸に各作業名を列挙し，横軸に暦日をとり，各作業の着手日と終了日を横線で結んだものである．作業名を着手日の早い順に並べると，左から右へ流れるような形になる．バーチャートの特徴は，各作業の所要日数と施工日程，着手日と終了日がわかりやすい反面，各作業の工期に対する影響の度合いは把握できない．工程表は，工事の進捗が適正であるか確認する役割を担っている．日数等の時間経過を横軸に取り，工事出来高を縦軸にとって，各工事の進捗率から全体の進捗率を出し，バーチャート上にプロットしていく．プ

ロットした点を結んでいくとＳ字カーブといわれる予定進度曲線が得られる.

曲線式工程表（バナナ曲線）

工事全体を出来高累計曲線で管理する工程表の一つで,　最も早く施工が完了した場合を上方許容限界曲線,　最も遅く完了した場合を下方許容限界曲線という.　上下の曲線で囲まれた形がバナナの形に似ていることから,　バナナ曲線と呼ばれる.　バーチャート上でＳ字カーブがバナナ曲線の中に入るように工程管理していく.

ネットワーク工程表

作業を矢印で表し結合点の○につなげて工程の流れを表すもので,　他の工程表に比べ優れた点が多い.　矢印の上下に作業名と必要日数を記入するため,　各工事に必要な日数が可視化でき,　工事日数の最短ルートが明確になる.　工事の順番どおりに○で繋げるため,　工事の順番が可視化できる.　また,　さまざまなメリットがある反面デメリットもある.　作成上のルールに従って作成する必要があり,　作成手法を熟知する必要がある.　ネットワーク工程表の書き方等については,　例題で解説する.

各種工程表

出題傾向: 工程表の特徴や用語等についての問いが毎回1問出題されている.

例題

工程表に関する記述のうち,適当でないものはどれか.

(1) 横線式工程表には,ガントチャートとバーチャートがある.

(2) 曲線式工程表は,上方許容限界曲線と下方許容限界曲線とで囲まれた形からS字曲線とも呼ばれる.

(3) 作業内容を矢線で表示するネットワーク工程表は,アロー型ネットワーク工程表と呼ばれる.

(4) タクト工程表は,同一作業が繰り返される工事を効率的に行うために用いられる.

解説

(1)○ ガントチャートは,各作業の完了時点を100%として横軸にその達成度をとり,現在の進捗状況を横棒で示したもの,バーチャートは横軸に暦日をとり,各作業の着手日と終了日を横線で結んだものでいずれも横線式工程表である.

(2)× 曲線式工程表は,上方許容限界曲線と下方許容限界曲線とで囲まれた形からバナナ曲線とも呼ばれる.

(3)○ ネットワーク工程表には,作業内容を矢線で表示するアロー型と丸で表示するイベント型がある.

(4)○ 高層建築物では各階層で同一作業が繰り返される.タクト工程表は,このように繰り返し作業を効率的に行うために用いられる.

〔解答〕 2

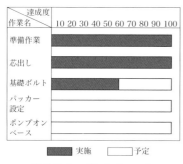

図 5-2-1 ガントチャート

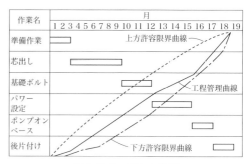

図 5-2-2 バナナ曲線

出題 1 　工程表に関する記述のうち，適当でないものはどれか．

(1) バーチャート工程表は，ネットワーク工程表に比べて作業遅れへの対策が立てやすい．

(2) ネットワーク工程表は，ガントチャート工程表に比べて，各作業の関係がわかりやすい．

(3) ガントチャート工程表は，各作業の現時点における進行状態を達成度により示すものである．

(4) バーチャート工程表は，一般的に，横軸に暦日がとられ，各作業の施工時期や所要日数がわかりやすい．

Point

(1), (2)　ネットワーク工程表は，作業遅れへの対応が立てやすい，作業の関係がわかりやすいなどの特徴がある．

(3), (4)　ガントチャート工程表，バーチャート工程表については，問題文のとおりである．

出題 2 　「工程表」と「関連する用語」の組合せのうち，適当でないものはどれか．

　　　　　　（工程表）　　　　　　　（関連する用語）

(1) バーチャート工程表 ──────── ダミー

(2) バーチャート工程表 ──────── 予定進度曲線

(3) ネットワーク工程表 ──────── フロート

(4) ネットワーク工程表 ──────── アクティビティー

Point

　ネットワーク工程表は，作成上のルールがさまざまあり，用語も多い．ダミー，フロート，アクティビティーはネットワーク工程表に関連する用語である．

　予定進度曲線は，バーチャート工程表上に記載し，工事の進度管理に用いる．

〔解答〕　出題 1：1　　出題 2：1

施工計画　**工程管理**　品質管理　安全管理　機器の据付　配管の施工　ダクトの施工　保温・塗装　試運転　10択2問題

出題傾向： ネットワーク工程表のクリティカルパスを求める問題が毎回1問出題されている.

例題 下図に示すネットワーク工程表について，クリティカルパスの「本数」と「所要日数」の組合せとして，適当なものはどれか．ただし，図中のイベント間のA～Hは作業内容，日数は作業日数を表す.

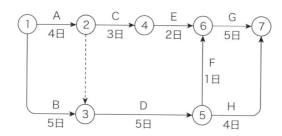

　　　(本数)　　　(所要日数)
(1)　1本 ――――― 14日
(2)　1本 ――――― 16日
(3)　2本 ――――― 14日
(4)　2本 ――――― 16日

解説

(a) 記号と基本ルール

　矢線は作業（アクティビティ）といわれ，作業内容を示す．アクティビティの基本ルールは，作業内容を矢線の上に，作業に要する日数を下に書く．矢線の長さと日数の長さは無関係である．矢線は作業が進行する方向に表す.

　丸数字は結合点（イベント）といわれ，作業の開始および終了を示す．イベントの基本ルールは，イベントには整数番号を付ける．同じ番号があってはならない．番号は作業の進行する方向に沿って大きな番号になるようにする.

　点線矢印はダミーと呼ばれ，架空の作業の意味で，作業の前後関係のみを表し，作業内容や時間の要素はない.

(b) 時間管理の手法

(i) 最早開始時刻

最も早く次の作業が開始できる時間を最早開始時刻と呼ぶ.

(ii) 最遅完了時刻

計画の所要時間内に完了するために，それぞれのイベントが遅くとも完了していなくてはならない時刻を最遅完了時刻と呼ぶ.

(iii) フロート（余裕時間）

イベントに二つ以上の作業が集まる場合，それぞれの作業がそのイベントに到達する時間には差があるのが普通である．最も遅く完了する作業以外のものは時間的余裕がある．これをフロートと呼ぶ.

(iv) クリティカルパス

各ルートのうち最も時間を要するルートをクリティカルパスと呼ぶ.

問題文であるが，問題文のネットワーク工程表の前提条件は次のようになる.

【作業 A は 4 日かかる.】【作業 B は 5 日かかる.】【作業 C は 3 日かかり，A が完了すると開始できる.】【作業 D は 5 日かかり，A と B が完了すると開始できる.】【作業 E は 2 日かかり，C が完了すると開始できる.】【作業 F は 1 日かかり，D が完了すると開始できる.】【作業 G は 5 日かかり，E，F が完了すると開始できる.】【作業 H は 4 日かかり，D が完了すると開始できる.】

まず，イベントをたどっていき完了にたどり着くルートすべてについて，所要日数を算出する.

① → ② → ④ → ⑥ → ⑦ ⇒ 4 + 3 + 2 + 5 = 14 日

① → ② → ③ → ⑤ → ⑦ ⇒ 4 + 0 + 5 + 4 = 13 日

① → ② → ③ → ⑤ → ⑥ → ⑦ ⇒ 4 + 0 + 5 + 1 + 5 = 15 日

① → ③ → ⑤ → ⑦ ⇒ 5 + 5 + 4 = 14 日

① → ③ → ⑤ → ⑥ → ⑦ ⇒ 5 + 5 + 1 + 5 = 16 日

所要日数の最大は 16 日で①，③，⑤，⑥，⑦を通る 1 ルートである．したがって，クリティカルパスは 1 本で所要日数は 16 日である.

〔解答〕 2

下図に示すネットワーク工程表に関する記述のうち，適当でないものはどれか.

ただし，図中のイベント間の A～K は作業内容，日数は作業日数を表す.

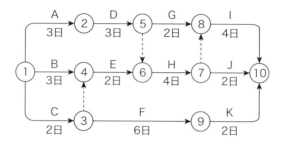

(1) クリティカルパスは，2本ある.

(2) 作業 H の所要日数を3日に短縮すれば，全体の所要日数も短縮できる.

(3) 作業 G の着手が2日遅れても，全体の所要日数は変わらない.

(4) 作業 E は，作業 D よりも1日遅く着手することができる.

Point

(1) イベント①から⑩に至るルートは8本ある. ①→③→⑨→⑩（10日），①→④→⑥→⑦→⑩（11日），①→②→⑤→⑧→⑩（12日），①→②→⑤→⑥→⑦→⑩（12日），①→③→④→⑥→⑦→⑩（12日），①→④→⑥→⑦→⑧→⑩（13日），①→③→④→⑥→⑦→⑧→⑩（12日），①→②→⑤→⑥→⑦→⑧→⑩（14日）.
最大は14日でルートは一つである. したがって，**クリティカルパスは一つ**である.

(2) 作業 H は⑥→⑦を通るルートで，ここが4日から3日になってもクリティカルパスのルートは変わらず13日となり，1日短縮できる.

(3) 作業 G は作業 H が終了する10日までに完了すればよいので，2日余裕がある. 着手が2日遅れても全体の所要日数は変わらない.

(4) 作業 E は作業 D が終了する6日までに完了すればよいので，作業 D より1日遅く着手することができる.

〔解答〕 出題1：1

出題2 下図に示すネットワーク工程表において，クリティカルパスの所要日数として，適当なものはどれか．

ただし，図中のイベント間の A〜H は作業内容，日数は作業日数を表す．

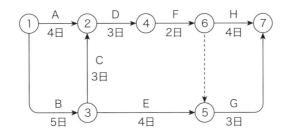

(1) 12 日

(2) 13 日

(3) 16 日

(4) 17 日

Point

イベント①から⑦に至るルートは次の5本である．

(ア) ①→②→④→⑥→⑦ 　　　　　　13 日

(イ) ①→②→④→⑥→⑤→⑦ 　　　　　12 日

(ウ) ①→③→⑤→⑦ 　　　　　　　　12 日

(エ) ①→③→②→④→⑥→⑦ 　　　　　17 日

(オ) ①→③→②→④→⑥→⑤→⑦ 　　　16 日

以上からクリティカルパスは(エ)のルートで所要日数は 17 日である．

〔解答〕 出題2：4

▶テーマの出題頻度　High 　Low

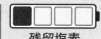			
抜取検査の必要条件	全数検査 ボイラ安全弁 配管水圧 防災区画の穴埋め	温度ヒューズ コンクリート強度	残留塩素

テーマ別 問題を解くためのカギ

> ここを覚えれば
> 問題が解ける！

総括

品質管理については，パレート図や特性要因図等の品質管理七つ道具といわれる手法を使っての管理方法についての出題はほとんどなく，抜取検査と全数検査に集中している．

抜取検査

抜取検査とは製品の一部を検査して全体の合格，不合格を推測するものである．全数検査を行うより抜取検査を適用したほうが有利な場合や抜取検査しか適用できない場合等がある．

・抜取検査が必要な場合

　製品を破壊しないと検査の目的が達成できない場合や試験・検査を行えば製品価値がなくなる場合は，抜取検査を適用する．その例として，防火ダンパー用温度ヒューズの作動試験がある．

　連続体等のすべてを検査対象とすることが困難な場合は，抜取検査を適用する．例として，電線，ワイヤーロープ等がある．

・抜取検査が有利な場合

　大量の製品で，ある程度の不良品の混入が許される場合は抜取検査を適用する．生産方式の信頼性が確認されていて，大量生産する場合は全数検査の適用は難しく，抜取検査を適用する．その例として，ボルト・ナット等がある．

・抜取検査を行う場合の条件

　抜取検査は，ロットごとに処理を決めるものであるため，ロット単位で処理できる場合でなければ抜取検査の意味をなさない．その他，合格ロットの中にも，ある程度の不良品の混入が許される場合や抜取がランダムに行えること等がある．

全数検査

　不良品を見逃すと人身事故のおそれがある場合や，後工程に多大な影響を与えるような場合には全数検査を実施する．また，手戻りすることが困難な工程では，全数検査を実施する場合が多い．例として，次のようなものがある．

　大型機器（冷凍機，ボイラ等），防災機器（消火設備，安全弁），取り外し困難な機器（搬入後搬入口が閉止されるもの），水圧試験・満水試験などの圧力試験，試運転調整，防災区画の穴埋め，見えなくなる部分（埋設排水管の勾配等）．

品質管理

例 題 施工の品質を確認するための試験又は検査に関する記述のうち，適当でないものはどれか．

(1) 高置タンク以降の給水配管の水圧試験において，静水頭に相当する圧力の 2 倍の圧力が 0.75 MPa 未満の場合，0.75 MPa の圧力で試験を行う．

(2) 準耐火構造の防火区画を水道用硬質塩化ビニルライニング鋼管の給水管が貫通する箇所において，貫通部の隙間が難燃材料で埋め戻されていることを確認する．

(3) 洗面器の取付けにおいて，がたつきがないこと，及び，付属の給水排水金具等から漏水がないことを確認する．

(4) 排水用水中モーターポンプの試験において，レベルスイッチからの信号による発停を確認する．

解 説

(1)○ 給水装置に該当する管の試験圧力は 1.75 MPa 以上（ただし，水道事業者の規定があるときはそれによる）とする．揚水管は，当該ポンプの全揚程に相当する圧力の 2 倍の圧力（ただし，最低 0.75 MPa），高置タンク以下の配管は，静水頭に相当する圧力の 2 倍の圧力（ただし，最低 0.75 MPa）とする．

(2)× 建築基準法施行令第 112 条第 20 項に，「準耐火構造の防火区画を給水管が貫通する場合においては，当該管と準耐火構造の防火区画との隙間をモルタルその他の不燃材料で埋めなければならない．」とある．
　　×難燃材料，○不燃材料．間違えやすいので気を付けること．

(3)○ 洗面器，衛生器具の取付けについては，据付の据付位置，水平度がよいか，がたつきがないか，給排水金具等の接続部からの漏水がないか確認する．

(4)○ 排水用水中モーターポンプの運転は，排水槽に設けた電極棒またはフロート式のレベルスイッチにより発停する．レベルスイッチの場合，信号による発停を確認する．

〔解答〕 2

出題 1　抜取検査を行う場合の必要条件として，適当でないものはどれか．

⑴　合格したロットの中に，不良品の混入が許されないこと．
⑵　ロットの中からサンプルの抜取りがランダムにできること．
⑶　品質基準が明確であり，再現性が確保されること．
⑷　検査対象がロットとして処理できること．

Point

抜取検査は，ロットの中からランダムにサンプリングして検査を行いそのロットの処置を決めるものである．全数検査ではないため，不良品が混入する可能性はある．抜取検査は，不良品の混入が許されるものでなければならない．

出題 2　次の試験・検査のうち，全数試験・検査が必要なものはどれか．

⑴　防火ダンパー用温度ヒューズの作動試験
⑵　給水栓から吐出した水の残留塩素濃度試験
⑶　ボイラ用安全弁の作動試験
⑷　配管のねじ加工の検査

Point

⑴　温度ヒューズは作動試験すると溶け落ちる．
⑵　水道法で，給水栓の末端における遊離残留塩素の濃度が 0.1 mg/L 以上と規定されている．そのため，給水系統の一番遠い水栓で抜取りし，残留塩素濃度試験を行う．
⑶　**安全弁が正常に作動しないと，ボイラの破損や爆発による設備の損傷，人身事故の可能性があるため，全数作動試験を行う．**
⑷　配管のねじ加工は数量が多いため，抜取検査が適当である．

〔解答〕 出題 1：1　　出題 2：3

Chapter 5-4 ▶ 施工管理法・工事施工

安全管理

— 分野 DATA —
- 出 題 数 ·················· 4
- 回 答 数 ·················· 2
- 出題区分 ··········· 選択問題

▶テーマの出題頻度 High ■■■■ Low ■□□□

 労働安全衛生規則

 酸素欠乏災害 高所作業

 安全施工サイクル

 熱中症予防対策 移動式クレーンの設置

テーマ別 問題を解くためのカギ

ここを覚えれば 問題が解ける！

安全施工サイクル

　安全施工サイクルとは，建設工事現場の1日の作業を安全に行うために，安全朝礼，安全ミーティング，安全巡回，安全工程打合せ，後片付けまでの日常サイクルのことである．この他に，新規入場者教育もこのサイクルの中に組み込んで実施する場合もある．
・ツールボックスミーティング（TBM：Tool Box Meeting）
　　朝の作業に取りかかる前や午後の作業開始前に安全の打合せのために職場で開くミーティングのことをいい，職場の小単位の組織（グループ）が短時間で仕事の範囲，段取り，各人ごとの作業の安全のポイント等を打ち合わせる．

指差し呼称

　呼び指し呼称は，作業者の錯覚，誤判断，誤操作等を防止し，作業の正確度を高めるために，指で差し，目で確認して，大きな声で呼称するものである．

高所作業

　高さが2m以上の箇所で作業を行う場合には，作業床を設けなければならない．それが困難な場合には，防網を張り，墜落制止用器具を使用させる．足場における高さ2m以上の場所には丈夫な作業床を設ける．作業床は，つり足場の場合を除き幅40cm以上，床材間の隙間は3cm以下の床板を敷く．

労働安全衛生規則

第111条（手袋の使用禁止）
　ボール盤，面取り盤等の回転する刃物に作業中の労働者の手が巻き込まれるおそ

れのあるときは，労働者に手袋を使用させてはならない．

第 352 条（電気機械器具等の使用前点検等）

（前略）電気機械器具を使用するときは，その日の使用を開始する前に，（中略）点検事項について点検し，異常を認めたときには，直ちに，補修し，又は取り換えなければならない．

電気機械器具等に交流アーク溶接機用電撃防止装置が規定されている．

第 420 条（作業指揮者の選任及び職務）

一の荷でその重量が 100 kg 以上のものを貨車に積む作業又は貨車から卸す作業を行うときは，当該作業の指揮者を定め，その者に次の事項を行わせなければならない．（以下略）

酸素欠乏災害の防止

酸素欠乏症等防止規則第 2 条（定義）

第 1 項に「酸素欠乏は空気中の酸素の濃度が 18 ％未満である状態をいう」とある．

同第 11 条（作業主任者）

酸素欠乏危険作業については，第一種酸素欠乏危険作業にあっては酸素欠乏危険作業主任者技能講習又は酸素欠乏・硫化水素危険作業主任者技能講習を修了した者のうちから，第二種酸素欠乏危険作業にあっては酸素欠乏・硫化水素危険作業主任者技能講習を修了した者のうちから，酸素欠乏危険作業主任者を選任しなければならない．

熱中症予防対策

高温多湿な環境下での作業では，熱中症の危険がある．熱中症の予防には，WBGT 値の活用，作業環境の改善，休憩時間の確保，水分・塩分の摂取状況の確認等を行う．

移動式クレーンの設置

軟弱地盤にクレーンを設置する場合は，鉄板等を敷く．クレーン等安全規則第 70 条の三に，「地盤が軟弱であること，埋設物その他地下に存する工作物が損壊するおそれがあること等により移動式クレーンが転倒するおそれのある場所においては，移動式クレーンを用いて作業を行つてはならない．ただし，当該場所において，移動式クレーンの転倒を防止するため必要な広さ及び強度を有する鉄板等が敷設され，その上に移動式クレーンを設置しているときは，この限りでない」とある．

出題傾向： 労働安全衛生法・規則，日常安全管理等について毎回1問出題されている．

例題 建設工事の安全管理に関する記述のうち，適当でないものはどれか．

(1) 軟弱地盤上にクレーンを設置する場合，クレーンの下に強度のある鉄板を敷く．

(2) 高所作業には，高血圧症，低血圧症，心臓疾患等を有する作業員を配置しない．

(3) 気温の高い日に作業を行う場合，熱中症予防のため，厚さ指数（WBGT値）を確認する．

(4) 既設汚水ピット内の作業における酸素濃度測定は，酸素欠乏症に関する特別教育を受けた作業員が行う．

解説

(1)○ クレーン等安全規則第70条の三に，「…略…移動式クレーンの転倒を防止するため必要な広さ及び強度を有する鉄板等が敷設され，その上に移動式クレーンを設置しているときは，この限りでない」とある．問題文は必要な広さが抜けているが，適当でないとはいえない．

(2)○ 墜落のおそれがある高所作業に従事する作業員は，健康診断結果に基づき高血圧症，低血圧症，心臓疾患等を有する者を配置しない．

(3)○ 近年は地球温暖化の影響もあり，夏季には熱中症が多発している．熱中症防止には，厚さ指数（WBGT値）で熱中症の危険度を数値で認識し，管理を行う．

(4)× 既設汚水ピット内の作業は酸素欠乏等の作業に該当するため，酸素濃度測定を酸素欠乏・硫化水素危険作業主任者技能講習を修了した酸素欠乏危険作業主任者に行わせなければならない．なお，酸素欠乏危険作業に従事する作業員は，酸素欠乏症に関する特別教育を受けたものが従事する．

〔解答〕 4

出題1 建設工事現場の安全管理に関する記述のうち，適当でないものはどれか．

(1) 回転する刃物を使用する作業は，手を巻き込むおそれがあるので，手袋の使用を禁止する．

(2) 交流アーク溶接機を用いた作業の継続期間中，自動電撃防止装置の点検は，一週間に一度行わなければならない．

(3) 高さが2mの箇所の作業で，墜落により労働者に危険を及ぼすおそれのあるときは，作業床を設け，作業床の端，開口部等には囲い，手すり，覆い等を設ける．

(4) 安全施工サイクルとは，安全朝礼から始まり，安全ミーティング，安全巡回，工程打合せ，片付けまでの日常活動サイクルのことである．

Point

(1) 安衛則第111条に規定されている．

(2) 安衛則第352条の規定で，その日の使用を開始する前に点検しなければならない．

(3) 安衛則第519条に開口部等の墜落防止措置が規定されている．

(4) 安全施工サイクルとは，日常活動として行われる安全の一連のサイクルをいう．

出題2　建設工事における安全管理に関する記述のうち，適当でないものはどれか．

(1) ツールボックスミーティングは，作業開始前だけでなく，必要に応じて，昼食後の作業再開時や作業切替え時に行われることもある．

(2) ツールボックスミーティングでは，当該作業における安全等について，短時間の話し合いが行われる．

(3) 既設汚水ピット内で作業を行う際は，酸素濃度のほか，硫化水素濃度も確認する．

(4) 既設汚水ピット内で作業を行う際は，酸素濃度が15%以上であることを確認する．

Point

(1),(2) ツールボックスミーティングは，安全や段取りについて，短時間の話し合いを作業開始前，午後の作業再開時等に行う．

(3) 既設汚水ピット内作業は，第二種酸素欠乏危険作業に該当する．硫化水素濃度の確認が必要である．

(4) 既設汚水ピット内で作業を行う際は，酸素濃度が18%以上であることを確認する．

〔解答〕　出題1：2　　出題2：4

143

機器の据付

▶テーマの出題頻度　High 　Low

| 基礎 | アンカーボルト | 冷凍機
冷却塔
ボイラ | 空調機
ポンプ
タンク
送風機 |

テーマ別 問題を解くためのカギ

ここを覚えれば
問題が解ける！

アンカーボルト

　埋込アンカーボルトは，埋込部の形状により，L・LA形，J・JA形がある．L・LA形アンカーボルトは，コンクリートの付着力しか期待できないので，J・JA形に比べて許容引抜き荷重が小さい．あと施工アンカーボルトはコンクリート打設後に，コンクリートにコンクリートドリルで穿孔し打設する．接着系のケミカルアンカーと金属拡張アンカーがある．アンカーボルトの径は，アンカーボルトに加わる引抜き力，せん断力，本数から決定する．振動を伴う機器の固定は，ナットが緩まないようにダブルナット等で締め付け，ボルトのねじ山が3山程度出るようにする．

冷凍機

　冷凍機は，全体荷重の3倍以上の荷重に耐えられる鉄筋コンクリート基礎上に据え付ける．保守点検のため，周囲に1m以上のスペースを設ける．

吸収冷凍機・吸収冷温水機

　吸収冷凍機等は，圧縮機を使用していないので，騒音，振動は少ない反面，装置自体は重量・形状が大きくなる．据付け後は工場出荷時の気密が保持されているかチェックを行う．

冷却塔

　冷却塔を屋上に設置する場合は，煙突や空調・換気設備の排気口からできるだけ離れた空気の流通の良い場所に設置する．

　高置タンク給水方式の場合，冷却塔の補給水口の高さと高置タンクの低水位は3m以上の水頭差を確保する．ボールタップによる冷却塔への給水はボールタップ

を動作させるための水頭圧が必要なためである.

ボイラ

ボイラは，全体重量の3倍以上の長期荷重に耐えられる鉄筋コンクリート基礎上に据え付ける．屋内に設置する場合は，ボイラ最上部から天井・配管までの距離は1.2 m以上，本体を被覆していないボイラまたは立てボイラの側面と壁・配管までの距離は0.45 m以上離さなければならない.

ユニット形空気調和機

コンクリート基礎上に，防振ゴムパッドを敷いて水平に据え付ける．ドレンパンからの排水管には空調機用トラップを設ける．トラップが収まるように基礎の高さは150 mm程度とする.

パッケージ形空気調和機

コンクリート基礎上に，防振ゴムパッドを敷いて水平に据え付ける．ドレンパンからの排水管には空調機用トラップを設ける．トラップが収まるように基礎の高さは150 mm程度とする．屋外機の騒音対策として，設置場所の検討や防音壁の設置等を行う.

送風機

大型送風機を据え付ける場合は，鉄筋コンクリートとすることが望ましく，高さは150 mm程度，幅は送風機の架台より100～200 mm大きくする.

ポンプ

基礎は，コンクリート造とし，高さは床上300 mmとする．軸封がグランドパッキンの場合は，基礎の排水みぞに排水目皿を設け，最寄りの排水系統に間接排水する．据付け後に，軸心の調整を行う．軸心の調整は，モーターとポンプのカップリングの段違いと面間を均一にする.

水中モーターポンプ

ポンプの据付け位置は，排水流入口から離れた位置で，ポンプケーシングの外側および底部は，ピットの壁・底面より200 mm程度の間隔を取る．点検や引上げに支障がないように，点検用マンホールの真下近くに設置する.

アンカーボルト

例題 機器の据付に使用するアンカーボルトに関する記述のうち，適当でないものはどれか．

(1) アンカーボルトを選定する場合，常時荷重に対する許容引抜き荷重は，長期許容引抜き荷重とする．

(2) ボルト径がM12以下のL型アンカーボルトの短期許容引抜き荷重は，一般に，同径のJ型アンカーボルトの短期許容引抜き荷重より大きい．

(3) アンカーボルトは，機器の据付け後，ボルト頂部のねじ山がナットから3山程度出る長さとする．

(4) アンカーボルトの径は，アンカーボルトに加わる引抜き力，せん断力，アンカーボルトの本数等から決定する．

解説

(1)○ アンカーボルトを選定する場合，アンカーボルトに作用する荷重が大きな要因になる．荷重には，長期荷重と短期荷重という考え方がある．長期荷重は，通常の使用状態で作用する荷重で，機器の自重，振動等が要素となる．短期荷重は，地震動等の突発的に作用する荷重である．長期荷重，短期荷重に対してそれぞれ長期許容引抜き荷重，短期許容引抜き荷重を用いる．

(2)× L型アンカーボルトの短期引抜き荷重は，主にコンクリートの付着力が負担する．J型は，コンクリートの付着力にフックの抵抗力が加わる．

(3)○ 機器の据付け後，ナットの締付を確実にするため，ボルト頂部がナットから3山程度出る長さとする．

(4)○ 機器に地震動が作用した場合を想定する．地震動には，縦波と横波がある．縦波では，機器は上下に揺られ引き抜こうとする力が作用する．この力は引抜き力が負担する．横波では，水平方向に揺れがあり，機器を横ずれさせようとする力が作用する．この力は，せん断力が受け持つことになる．

〔解答〕 2

出題 1　機器の据付けに関する記述のうち，適当でないものはどれか.

(1) パッケージ形空気調和機の屋外機を設置する場合，空気がショートサーキットしないよう周囲に空間を確保する.

(2) 遠心ポンプの設置において，吸水面がポンプより低い場合，ポンプの設置高さは，吸込み管がポンプに向かって上り勾配となるようにする.

(3) 埋込式アンカーボルトを使用して機器を固定する場合，機器設置後，ナットからねじ山が出ないようにアンカーボルトの埋込み深さを調整する.

(4) あと施工アンカーボルトを使用して機器を固定する場合，あと施工アンカーボルトは，機器をコンクリート基礎上に据える前に打設する.

Point

(1) 屋外機から排出された空気がショートサーキットしないように壁や囲いからの空間を確保する.

(2) 空気だまりができないように上り勾配とする.

(3) **アンカーボルトのねじ山は 3 山程度出るようにする.**

(4) 基礎コンクリートにアンカーの位置を心出しし，穿孔，打設を行い機器を据え付ける.

出題 2　機器の据付けに関する記述のうち，適当でないものはどれか.

(1) 吸収冷温水機は，運転時の振動が大きいため，一般的に，防振基礎に据え付ける.

(2) アンカーボルトは，機器の据付け後，ボルトの頂部のねじ山がナットから 3 山程度出る長さとする.

(3) パッケージ形空気調和機は，コンクリート基礎上に防振ゴムパッドを敷いて水平に据え付ける.

(4) アンカーボルトを選定する場合，常時荷重に対する許容引抜き荷重は，長期許容引抜き荷重とする.

Point

(1) 吸収冷温水機は，圧縮機がないため，**振動が少ない.**

(3) パッケージ形空気調和機は，振動が建物躯体に伝わらないように防振ゴムパッドを敷いて据え付ける.

（解答）　出題 1：3　　出題 2：1

基礎

例 題 機器の基礎に関する記述のうち, 適当でないものはどれか.

(1) ポンプのコンクリート基礎は, 基礎表面の排水溝に排水目皿を設け, 間接排水できるものとする.

(2) ユニット形空気調和機の基礎の高さは, ドレンパンから排水管に空調機用トラップを設けるため 150 mm 程度とする.

(3) 大型ボイラーの基礎は, 床スラブ上に打設した無筋コンクリート基礎とする.

(4) 送風機のコンクリート基礎の幅は, 送風機架台より 100〜200 mm 程度大きくする.

解 説

(1)○ ポンプの基礎はコンクリート造とする. ポンプ本体の結露や, グランドパッキンからのシートリーク等の排水のために目皿を設け, 最寄りの排水系統に間接排水する.

(2)○ ユニット形空気調和機は, コンクリート基礎上に防振ゴムパッドを敷いて据え付ける. ドレンパンからの排水管には空調機用トラップを設けるため, 基礎の高さを 150 mm 程度とする.

(3)× 大型ボイラの基礎は, 鉄筋コンクリート製とする.

(4)○ 送風機のコンクリート基礎は, 一般に, 高さ 150 mm 程度, 幅は送風機架台より 100〜200 mm 程度大きくする.

〔解答〕 3

出題 1 機器の据付けに関する記述のうち, 適当でないものはどれか.

(1) 直焚き式の吸収冷温水機は, 振動の振幅が大きいため, 一般的に, 防振基礎に据え付ける.

(2) パッケージ形空気調和機を室内の床上に設置する場合, 全面に 1 m 程度の保守スペースを確保する.

(3) 小型温水ボイラーをボイラー室内に設置する場合, ボイラー側面からボイ

ラー室の壁面までの距離は 450 mm 以上とする.

(4) 送風機やポンプのコンクリート基礎をあと施工する場合，当該コンクリート基礎は，ダボ鉄筋等で床スラブと一体化する.

Point

(1) 直焚き式吸収冷温水機は圧縮機を有していないので，振動が少なく**防振基礎とする必要はない**.

(2) パッケージ形空気調和機は，フィルターの点検等の日常点検のために前面に 1 m 程度のスペースが必要である.

(3) ボイラおよび圧力容器安全規則にこのような規定がある.

(4) 基礎をあと施工する場合は，コンクリートの打継部の目あらし，つなぎ鉄筋，ダボ鉄筋などで一体化する.

出題 2 機器の据付けに関する記述のうち，適当でないものはどれか.

(1) 排水用水中モーターポンプは，ピットの壁から 200 mm 程度離して設置する.

(2) 吸収冷温水機は，工場出荷時の気密が確保されていることを確認する.

(3) 大型のボイラーの基礎は，床スラブ上に打設した無筋コンクリート基礎とする.

(4) 防振装置付きの機器や地震力が大きくなる重量機器は，可能な限り低層階に設置する.

Point

(1) 排水流入口から離れた位置にピットを設けてその壁から 200 mm 程度離して設置する.

(2) 据付け時に，工場出荷時の気密が確保されていることを確認する.

(3) **鉄筋コンクリート基礎**とする.

(4) 低層階ほど地震動による変位は少ないので，重量機器等は，可能な限り低層階に設置する.

〔解答〕　出題 1：1　　出題 2：3

機器据付け

例 題 機器据付けに関する記述のうち，適当でないものはどれか．

(1) 冷凍機の保守点検のため，周囲に1m以上のスペースを確保する．

(2) 送風機は，製造者によりあらかじめ心出し調整されているので，据付け後に再度心出しを行う必要はない．

(3) 汚物排水槽に設ける排水用水中モーターポンプは，点検，引き上げに支障がないように，点検用マンホールの真下近くに設置する．

(4) ポンプは，現場にて軸心の狂いのないことを確認し，カップリング外周の段違いや面間の誤差がないようにする．

解 説

(1)○ 冷凍機は，チューブを引き出すことがあるので，そのスペースを確保する．また，保守点検のため，周囲は1m以上のスペースを確保する．

(2)× 送風機は，製造者によりあらかじめ心出し調整されているが，輸送，据付け，ダクト取付け等の作業によって，多少の芯ずれが発生するおそれがあるので，据付け後に再度心出しを行う．

(3)○ 排水用水中モーターポンプは，引き上げて点検するため，点検マンホールの真下近くに設置し垂直に引き上げられるようにする．

(4)○ ポンプは，駆動用のモーターと直結する場合が多い．直結する方法はポンプ，モーターに取り付けたカップリングをカップリングボルトで締結して行う．このとき，ポンプとモーターの軸心に狂いがあると，軸受けの温度上昇や，異常振動等の悪影響が発生する．ポンプとモーターの軸心を合わせることをセンターリングといい，カップリングの面間と外周の段違いが5～10/100mm以内になるようにライナーで調整する．

〔解答〕 2

出題 1　機器の据付けに関する記述のうち，適当でないものはどれか．

(1) 飲料用給水タンクを設置する場合，タンク底部は，設置床から60 cm以上離す．

(2) 飲料用給水タンクを設置する場合，タンク上部は，天井から100 cm以上離す．

(3) 排水用水中ポンプを設置する場合，ポンプは，吸い込みピットの壁から20 cm以上離す．

(4) 排水用水中ポンプを設置する場合，ポンプは，排水槽への排水流入部に近接した位置に据え付ける．

Point

(1), (2)　飲料用給水タンクは，保守点検および汚染防止のため，周囲に十分な空間を取ることが必要である．タンク底部と床は60 cm以上，タンク上部と天井は100 cm以上の空間を取る．

(3), (4)　排水用水中ポンプを設置する場合，排水流入部から**離れた位置に吸込みピットを設け**，円滑に吸込みができるようにピットの壁からは20 cm以上離す．

出題 2　機器の据付けに関する記述のうち，適当でないものはどれか．

(1) 送風機は，レベルを水準器で検査し，水平となるように基礎と共通架台の間にライナーを入れて調整する．

(2) パッケージ形空気調和機は，コンクリート基礎上に防振ゴムパッドを敷いて水平に据え付ける．

(3) 冷却塔は，補給水口の高さが高置タンクの低水位から1 m未満となるように据え付ける．

(4) 吸収冷温水機は，据付け後に工場出荷時の気密が保持されているか確認する．

Point

(1)　送風機の据付けは，基礎上に仮置きし，水平になるように，共通架台と基礎の間にライナーを入れて調整する．

(2)　パッケージ形空気調和機は，防振ゴムパッドを敷いて水平に据え付ける．

(3)　冷却塔への給水をボールタップを介して行う場合，ボールタップを動作させるための水頭が必要で，**3 m以上の水頭差が必要である**．

（解答）　出題1：4　　出題2：3

配管の施工

── 分野 DATA ──
・出 題 数 ················· 4
・回 答 数 ················· 2
・出題区分 ··········· 選択問題

▶ テーマの出題頻度   High   Low

| 管の接合 | 給水配管
排水管
通気管 | 吊り装置
支持装置 | 管の切断 |

テーマ別 問題を解くためのカギ

ここを覚えれば
問題が解ける！

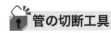

管の切断工具

切断工具には，帯のこ盤，パイプカッター，メタルソー，セーバソーなどがある．

鋼管・塩ビライニング鋼管・ポリ紛体鋼管の切断

鋼管の切断は，帯のこ盤，弓のこ盤，ねじ切り機搭載丸のこなどで管軸に対して垂直に切断する．塩ビライニング鋼管・ポリ紛体鋼管は，ガス切断のように発熱するものは使用できない．切断砥石やチップソーのように切粉を多く発生するもの，パイプカッターのように管径を絞るものは使用してはならない．切断後は，スクレーパー等で管端の面取りを行う．

管の接合

鋼管の接合には，ねじ接合，溶接接合，フランジ接合，ハウジング形管継手接合等がある．ねじ接合は一般に管用テーパねじ（JIS B 0203）を使用する．溶接接合方法には，突合せ型，差込み型，フランジ型がある．水配管用銅管の接合には，差込接合，メカニカル接合がある．差込接合は，管を差し込んだ狭い隙間に"ろう"を溶かして流し込むろう接で接合する．異種材（鋼管とステンレス管，鋼管と銅管等）を接合する場合は，ガルバニック腐食を起こすおそれがあるので，絶縁処理をした継手とする．ビニル管の接合には，接着接合を用いる．継手の受口をテーパにして，受口内面（継手）と差口外面（管）に接着剤を均一に塗布し，差込みしばらく保持する．ポリエチレン管の接合には，電気融着接合，メカニカル接合を用いる．

吊りおよび支持

配管の支持の目的は，管内流体・保温等を含めた重量の支持，地震動による振れ

の抑制等である．配管は内部流体の温度により収縮するため，一般的に上部から吊ったり，ブラケットで下から支えたりする方法では固定はしない．固定点は，立て管や，地震動による変位を抑制する点に用いる．

給水管配管

横走り管は水抜き，空気抜きができるように適当な勾配をとる．給水管と排水管が並行して埋設される場合は，原則として両配管の間隔は 500 mm 以上とする．両配管が交差する場合は，給水管は排水管の上方に埋設する．給水管を埋設する場合の土被りは，公道では 1.2 m 以上，宅地内の車両道路部分は 0.6 m 以上，それ以外では 0.3 m 以上とする．

屋内排水管

屋内横走排水管の勾配は，原則として，呼び径 65 以下では最小 1/50，呼び径 75，100 では最小 1/100，呼び径 125 では最小 1/150，呼び径 150 以上は最小 1/200 とする．排水横枝管の合流は，45°以内の鋭角に合流させる．垂直方向も 45°以内の水平に近い角度で合流させる．

通気管

通気横走管は通気立て管に向かい先上がり勾配とする．立て管の上部は単独で大気開放するか，最高位器具のあふれ縁から 150 mm 以上高い位置で伸頂通気管に接続する．汚水タンク，排水タンクの通気管は，他の系統の通気管とは別系統にする．

冷媒用配管

管の接合は，差込接合，フランジ接合，フレア接合がある．差込接合は，軟ろうは強度が低いため，硬ろう付けを行う．管の内部は酸化して被膜が形成されるため，窒素ガスをブローしながらろう付けを行う．フレア接合は，火を使わず施工が容易であるが，締付トルクの管理が必要である．フレアする銅管は 19.05 mm 以下のなまし銅管を用いる．

管の接合

例題

配管の接合に関する記述のうち，適当でないものはどれか．

(1) 銅管の接合には，差込接合，メカニカル接合，フランジ接合等がある．

(2) 硬質ポリ塩化ビニル管の接着接合では，テーパ形状の受け口側のみに接着剤を塗布する．

(3) 架橋ポリエチレン管の接合方式には，電気融着式がある．

(4) 鋼管の突合せ溶接による接合は，開先加工を行い，ルート間隔を保持して行う．

解説

(1)○ 差込接合は，銅管の外表面と継手の内表面をサンドペーパー等で磨き，銅管を継手に差し込んで，ろう付けを行う．ろう付けには，軟ろうと硬ろうがあるが軟ろうは強度が高くないので硬ろうを選択する場合が多い．フランジ接合は，差込接合と同じ要領でフランジをろう付けして接合する．メカニカル接合はメカニカル管継手を使用した機械的接合である．

(2)× 硬質ポリ塩化ビニル管の接着接合は，テーパ形状の受け口側と差し込む管側の両方に接着剤を塗布する．

(3)○ 架橋ポリエチレン管の接合には，電気融着接合とメカニカル接合がある．電気融着接合は電熱線が埋め込まれた継手に管を差込み電気を流して融着するものである．メカニカル接合は，管と継手の間にゴムパッキンを入れ，それを締め付けることによって接合する．

(4)○ 鋼管の接合に用いる溶接接合は最も確実な接合方法である．接合する鋼管と溶接棒を溶融して一体化する．溶融する熱源によりアーク溶接，ガス溶接等がある．接合する管端は，溶け込み不足や融合不良等の溶接欠陥が発生しないように斜めに削っておく．この端面形状を開先という．開先は開先角度，ルート間隔，ルート面で管理される．開先形状が不適切であると，施工不良の原因となる．

〔解答〕 2

出題 1 配管の施工に関する記述のうち，適当でないものはどれか．

(1) 帯のこ盤は，硬質塩化ビニルライニング鋼管の切断に使用できる．

(2) 一般配管用ステンレス鋼管の管継手には，メカニカル形，ハウジング形等がある．

(3) 給湯配管の熱伸縮の吸収には，フレキシブルジョイントを使用する．

(4) 絶縁フランジ接合は，鋼管とステンレス鋼管を接続する場合等に用いられる．

Point

(1) 帯のこ盤，丸のこ盤等を使用する．

(2) メカニカル形，ハウジング形管継手，溶接式管継手がある．

(3) フレキシブルジョイントは管に垂直方向の変位を吸収するもので，給湯配管の熱収縮のように管軸方向の収縮には**伸縮管継手を用いる**．

(4) 異材継手ではガルバニック腐食が懸念されるので，絶縁継手を用いる．

出題 2 配管及び配管付属品の施工に関する記述のうち，適当でないものはどれか．

(1) FRP製受水タンクに給水管を接続する場合，変位吸収管継手を用いて接続する．

(2) ねじ込み式鋼管製管継手（白）は，水道用硬質塩化ビニルライニング鋼管の接合に使用される．

(3) 単式伸縮管継手を取り付ける場合，伸縮管継手の本体は固定しない．

(4) 冷媒用フレア及びろう付け管継手は，冷媒用の銅管の接合に使用される．

Point

(1) FRP製受水タンクには合成ゴム製ベローズ形フレキシブルジョイントを用いる．

(2) 水道用硬質塩化ビニルライニング鋼管には**管端防食管継手**を用いる．

(3) 単式伸縮継手の場合，片方の管に固定点を取り，もう片方はスライドサポートを取り付け，継手本体は固定しない．

(4) 冷媒用銅管の接合には，フレア継手および硬ろう付けを用いる．

〔解答〕 出題1：3　　出題2：2

給水管 排水管

例題 排水管及び通気管の施工に関する記述のうち，適当でないものはどれか．

(1) ループ通気管の取出し位置は，最上流の器具排水横枝管に接続した直後の下流側とする．

(2) 排水横枝管から通気管を取り出す場合は，排水横枝管の中心線から垂直上方ないし垂直上方から45°以内の角度で取り出す．

(3) 排水用硬質塩化ビニルライニング鋼管の接続に，排水鋼管用可とう継手（MDジョイント）を使用する．

(4) 管径50Aの排水横枝管の勾配は，最小1/150とする．

解説

(1)○　ループ通気方式は，排水横枝管の最上流の衛生器具の下流直後から通気管を立ち上げ，通気立管または伸頂通気管に接続するものである．通気管の取出し位置を，最上流の器具排水管接続点直前とするのは，通気管取出し口に付着した異物が，器具の排水によって除去されることを期待してのことである．

(2)○　通気管内に排水が流入して通気管の機能を阻害しないように，通気管を排水横枝管から取り出す場合は，排水が流入し難い位置である中心線から垂直上方ないし垂直上方から45°以内の角度とする．

(3)○　排水用硬質塩化ビニルライニング鋼管は，配管用炭素鋼鋼管に準じる薄肉鋼管の内面に硬質ポリ塩化ビニル管をライニングした管であり，薄肉鋼管を原管としているため，ねじ加工はできない．そのため，管の接続には排水鋼管用可とう継手（MDジョイント）を使用する．

(4)×　排水横枝管は，排水が円滑に流れるように適度の勾配をつける．SHASE-S 206では，排水横枝管の最小勾配を，呼び径65以下は1/50，75と100は1/100，125は1/150，150以上は1/200と規定している．

〔解答〕　4

156

出題 1 配管の施工に関する記述のうち，適当でないものはどれか．

(1) 飲料用の受水タンクの水抜管は，雑排水系統の排水管に直接接続する．

(2) 排水横枝管から取り出した通気管は，その排水系統の最も高い位置にある衛生器具のあふれ縁から 150 mm 以上上方で横走りさせ，通気立て管に接続する．

(3) 各階で排水が合流する排水立て管において，排水立て管の各階の管径は，排水立て管最下部の管径と同一とする．

(4) 敷地内（車両通行部を除く．）に給水管を埋設する場合，埋設深さ（土かぶり）は，一般的に，300 mm 以上とする．

Point

(1) 飲料用水系統は，排水系統からの逆流による汚染を防止するため，**間接排水**とする．

(2) 通気管の機能を保つため,排水が通気管に流入しないような位置で横走りさせる．

(3) 排水立て管の管径は，排水立て管最下部の管径で最上部まで立ち上げる．

(4) 給水管の埋設深さは,車両通行部600 mm以上,それ以外は300 mm以上とする．

出題 2 配管の施工に関する記述のうち，適当でないものはどれか．

(1) 汚水槽の通気管は,その他の排水系統の通気立て管を介して大気に開放する．

(2) 給水管の分岐は，チーズによる枝分かれ分岐とし，クロス形の継手は使用しない．

(3) 飲料用の受水タンクのオーバーフロー管は，排水口空間を設け，間接排水とする．

(4) 給水横走り管から上方へ給水する場合は，配管の上部から枝管を取り出す．

Point

(1) 汚水槽の通気管は，衛生上問題のない位置に**直接単独で大気に開放**する．

(2) 給水管の分岐は，クロス継手の使用を避ける．

(3) オーバーフロー管は，排水系統からの逆流を避けるために，排水口空間を設け，間接排水とする．

(4) 給水横走り管から上方へ給水する場合，空気抜きが容易に行えるよう上部から分岐する．

（解答） 出題 1：1　　出題 2：1

出題傾向： 配管に関する問題 2 問のうち，配管支持，その他に関する問題の出題がある．

例 題 配管系に設ける弁類に関する記述のうち，適当でないものはどれか．

(1) 給水管の流路を遮断するための止め弁として仕切弁を使用する．

(2) 揚水管の水撃を防止するためにスイング式逆止め弁を使用する．

(3) 配管に混入した空気を排出するために自動空気抜き弁を使用する．

(4) ユニット形空気調和機の冷温水流量を調整するために玉形弁を使用する．

解 説

(1)○ 仕切弁は，基本的に全開，全閉状態で使用され，管の流路の遮断に用いられる．全開時には，弁の口径と管の口径がほぼ同じになるため圧力損失が少ない．全開，全閉操作は，弁体を完全に引き上げるか押し下げる操作になるため，時間がかかり，急速な開閉操作はできない．

(2)× スイング式逆止め弁は，弁箱内で弁体がヒンジピンで吊るされスイングする構造をしており，流れ方向に流体が流れるとその圧力で弁が開く．流れが停止すると弁体の自重で閉止し，背圧を受けて逆流を止める．閉止に掛かる時間が短く，急激に流れを止めるために，水撃（ウォーターハンマー）が発生する．

(3)○ 水や温水等の流体に空気が混入すると，騒音の発生や機器・配管の腐食等の原因となる．空気が溜まりやすい配管系の頂部に自動空気抜き弁を取り付けて空気抜きを行う．

(4)○ 玉型弁の構造は，流体が弁箱内を下から上に流れ，弁体が上下してその流れを妨げる．流体抵抗は大きいが，開度を調整することで流量を調整することができる．

〔解答〕 2

出題 1
配管の支持及び固定に関する記述のうち，適当でないものはどれか．

(1) 伸縮する配管は，横走り管のすべての支持点で堅固に固定する．

(2) 屋内立て管には，管の座屈を防止するため振れ止めを設ける．

(3) 立て管最下部の固定は，配管荷重に十分耐えうる構造とする．

(4) 配管の曲がり部，分岐部は，その近くの位置で支持する．

Point

(1) 伸縮する配管の横走り管は固定せず，**伸縮する方向にスライドできる支持方法**とする．

(2) 立て管の座屈を防止するには，各階で振れ止めの支持を設ける．

(3) 配管の固定は，配管の自重，流体の重量，地震動に耐えうる構造とする．

(4) 配管の曲がり部，分岐部は配管の伸縮を考慮して，その近くで支持する．

出題 2
配管及び配管付属品の施工に関する記述のうち，適当でないものはどれか．

(1) 水道用硬質塩化ビニルライニング鋼管のねじ接合において，ライニング部の面取りを行う．

(2) 硬質ポリ塩化ビニル管を横走り配管とする場合，管径の大きい鋼管から吊りボルトで吊ることができる．

(3) 給水栓には，クロスコネクションが起きないように吐水口空間を設ける．

(4) 給水用の仕切弁には，管端防食ねじ込み形弁等がある．

Point

(1) スムーズに接続できるように，ライニング部をスクレーパー等で面取りする．

(2) 配管から他の配管を吊るす**共吊りは行ってはならない**．

(3) 吐水口空間を設けることで，上水系統と他の系統が直接接続されるクロスコネクションを回避できる．

(4) 給水用の塩ビライニング鋼管等に取り付けるねじ込み式の弁は管端防食ねじ形弁とする．

〔解答〕 出題1：1　　出題2：2

ダクトの施工

▶テーマの出題頻度　　High　　　Low

| 低圧ダクト | 一般留意事項 | 吊り間隔
ダクトの拡大・縮小 | 風量調整ダンパー
防火ダンパー
フレキシブルダクト |

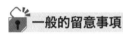
テーマ別 問題を解くためのカギ

ここを覚えれば
問題が解ける！

一般的留意事項

① 防火区画などを貫通するダクトは，その隙間をモルタル，ロックウールなどの不燃材料で埋める．

② 厨房，浴室からの凝縮水や油分を含む排気ダクトの継目は，ダクトの下面にならないようにし，継手および継目（はぜ）の外側からシールを施す．

③ 長方形ダクトのアスペクト比（長辺/短辺）は，4以下とする．

低圧ダクト

低圧ダクトは，通常運転時の内圧が＋500 Pa以下，−500 Pa以内のダクトをいう．長方形亜鉛鉄板製ダクトの施工法には，アングルフランジ工法とコーナーボルト工法があり，コーナーボルトには，共板フランジ工法とスライドオンフランジ工法がある．

① アングルフランジ工法は，ダクトの端面にフランジ穴をあけたアングルを溶接やリベットで取り付け，フランジ同士をボルト・ナットで接合する．板厚は短辺，長辺同じとする．角の継目は，長辺が750 mmを超える場合は，2か所以上とする．継目の構造は，ピッツバーグはぜ，ボタンパッチはぜを使用する．横走り主ダクトには，耐震のために12 m以下ごとに振れ止め支持を設ける．

② コーナーボルト工法には，共板フランジ工法とスライドオンフランジ工法がある．共板フランジ工法は，ダクト本体の端部を曲げ加工しフランジを成型するものである．アングルフランジ工法に比べて製作が容易で，多用されているが，強度は劣る．スライドオンフランジ工法は，鋼板を成型加工しフランジを製作し，ダクト端面に差込みスポット溶接する．

③ スパイラルダクトは，帯状の亜鉛鉄板を機械でらせん状に甲はぜ掛けしたもの

である．フランジ継手施工は，600 mm 以上のダクトに採用される．差込み継手接合は，継手の外面にシール材を塗布して直管に差込み，ビス止めし，その上をダクト用テープで二重巻きにする．

吊り間隔

横走りダクトの吊り間隔は，アングルフランジ工法は 3 640 mm 以下，共板フランジ工法は 2 000 mm 以下，スライドオンフランジ工法は 3 000 mm 以下，スパイラルダクトは 4 000 mm 以下とする．

ダクトの拡大および縮小

ダクトの拡大，縮小については，拡大のほうが空気の渦やはく離が生じやすいので，拡大部は 15 度以下，縮小部は 30 度以下とする．

ダクトのわん曲部

長方形ダクトのエルボの内半径はダクト幅の 1/2 以上とする．

フレキシブルダクト

フレキシブルダクトは，吹出口および吸込み口ボックスの接続用として使用する．施工においては，有効断面積を損なわないように長さは 1.5 m 程度以下にする．

風量調節ダンパー

風量調節ダンパーは気流が整流されたところに設ける．風量測定口は風量調節ダンパーのあとの気流が整流されたところに設ける．

防火ダンパー

防火壁と防火ダンパーの間の風道は厚さ 1.5 mm 以上の鋼板製とするか，不燃材料で被覆する．温度ヒューズの作動温度は，原則として排煙ダクトの場合 280 ℃，厨房排気系は 120 ℃，そのほかの場合は 72 ℃とする．

ダクト

例 題 ダクト及びダクト付属品の施工に関する記述のうち，適当でないものはどれか．

(1) 浴室の排気に長方形ダクトを使用する場合は，ダクトの継目が下面にならないように取り付ける．

(2) 共板フランジ工法ダクトの最大吊り支持間隔は，アングルフランジ工法ダクトより短い．

(3) 防火ダンパーの温度ヒューズの溶融温度は，一般排気系統及び厨房排気系統ともに72℃とする．

(4) 風量調整ダンパーは，原則として，気流の整流されたところに取り付ける．

解 説

(1)○ 長方形ダクトでは，強度を保持するために，2か所以上の角のはぜを設ける．浴室や厨房の排気ダクトのはぜは，ダクト内の油や結露水が漏洩しないように，できるだけ下面にならないようにする．ダクトの断面形状が，U字形に曲げた鋼板と平鋼板をはぜ継ぎしたものを使用する．また，はぜの外側からシール材でシールを行う．

(2)○ ダクトの剛性は，アングルフランジ工法＞スライドオンフランジ工法＞共板フランジ工法となるため，最大吊り支持間隔もアングルフランジ工法は3 640 mm，スライドオンフランジ工法は3 000 mm，共板フランジ工法は2 000 mmと規定している．

(3)× 防火ダンパーの温度ヒューズの溶融温度は，一般排気系統は72℃，厨房排気系は120℃，排煙ダクト用は280℃とする．

(4)○ 風量調整ダンパーは，気流の整流されたところに取り付ける．

〔解答〕 3

出題1 ダクトの施工に関する記述のうち，適当でないものはどれか．

(1) スパイラルダクトの差込み接合では，継手，シール材，鋼製ビス，ダクト用テープを使用する．

(2) 2枚の鉄板を組み合わせて製作されるダクトは，はぜの位置によりL字型，U字型などがある．

(3) リブ補強は，ダクトの板振動による騒音を防止するために設ける．

(4) 長方形ダクトは，アスペクト比を変えても圧力損失は変わらない．

Point

(1) スパイラルダクトの差込み接合は，継手の外面にシール材を塗布し，差込み，鋼製ビス止めし，その上をダクト用テープで外周を二重巻きにする．

(2) L字型は，はぜが対角に位置する．U字型は，はぜが上部に位置する．

(3) リブ補強は，板振動による騒音を防止するために設ける．

(4) 断面積が同じでもアスペクト比が大きくなると周長が長くなり，摩擦抵抗が大きくなるので，**圧力損失も大きくなる**．

出題2 ダクトの施工に関する記述のうち，適当でないものはどれか．

(1) ダクトの吊りボルトが長い場合には，振れ止めを設ける．

(2) 浴室等の多湿箇所からの排気ダクトには，継手及び継目（はぜ）の外側からシールを施す．

(3) 保温を施すダクトには，ダクトの寸法にかかわらず，形鋼による補強は不要である．

(4) アングルフランジ工法ダクトのガスケットには，フランジ幅と同一幅のものを用いる．

Point

(1) 吊りボルトが長い場合は，ブレス等で振れ止めをする．

(3) 保温を施すダクトであっても，**形鋼による補強は必要である**．

(4) フランジ幅と同一のフランジ用ガスケットを使用する．

〔解答〕 出題1：4　　出題2：3

163

ダクト

ダクトの施工およびダクト付属品の施工に関する問題が，毎回 2 問出題されている．

例 題

ダクト及びダクト付属品の施工に関する記述のうち，適当でないものはどれか．

(1) ダクトの断面の拡大，縮小する場合の角度は，圧力損失を小さくするため，拡大は 15°以下，縮小は 30°以下とする．

(2) 防火区画貫通部と防火ダンパーとの間のダクトは，厚さ 1.5 mm 以上の鋼板製とする．

(3) 防火ダンパーは，火災による脱落がないように，小型のものを除き，2 点吊りとする．

(4) 浴室の排気ダクトは，凝縮水の滞留を防止するため，排気ガラリに向けて下り勾配とする．

解 説

(1)○ ダクトの拡大，縮小では，拡大のほうが空気の渦やはく離が生じやすく，拡大の場合は 15°以下，縮小の場合は 30°以下とする．また，ダクトとコイルの接続傾斜角度は，コイル拡大は最大 30°，コイル後の縮小は最大 45°とする．

(2)○ 防火区画貫通部の防火壁と防火ダンパーの間のダクトは厚さ 1.5 mm 以上の鋼板製とするか，鉄網モルタル塗り等の不燃材料で被覆する．

(3)× 防火ダンパーは，小型のものは 2 点吊り，大型のものは 4 点吊りとする．

(4)○ 浴室の排気ダクトは，排気ガラリに向けて下り勾配とし，凝縮水の滞留を防止する．

〔解答〕 3

出題 1

ダクト及びダクト付属品の施工に関する記述のうち，適当でないものはどれか．

(1) 建物の外壁に設置する給排気ガラリの面風速は，騒音の発生や雨水の浸入を考慮して決定する．

(2) 送風機のダクト接続に使用するたわみ継手は，送風機の振動をダクトに伝えないために用いる．

(3) ダクト内を流れる風量が同一の場合，ダクトの断面寸法を小さくすると，必要となる送風動力は小さくなる．

(4) ダクトに設けるリブ補強は，ダクトの変形や，騒音及び振動の発生を防止するために設ける．

Point

(1) 給排気ガラリは，雨水や虫等が入らないよう考慮する．また，ガラリの風速は騒音防止の観点から許容風速以下とする．

(2) たわみ継手は，振動伝播を防止する．

(3) ダクト内を流れる風量が一定の場合，ダクトの断面寸法を小さくすると，ダクト内風速は大きくなり，必要となる**送風動力は増大する**．

(4) リブ補強は，振動による騒音の発生を防止する．

出題2　ダクト及びダクト付属品の施工に関する記述のうち，適当でないものはどれか．

(1) 亜鉛鉄板製長方形ダクトの剛性は，継目（はぜ）の箇所数が少ないほど高くなる．

(2) 長方形ダクトのエルボの内側半径は，ダクト幅の 1/2 以上とする．

(3) 遠心送風機の吐出し口の近くにダクトの曲がりを設ける場合，曲がり方向は送風機の回転方向と同じ方向とする．

(4) 吹出口の配置は，吹き出し空気の拡散半径や到達距離を考慮して決定する．

Point

(1) 継目（はぜ）は鉄板を折り返しているので，箇所が**多いほどダクトの剛性は高**くなる．

(2) エルボの内半径は，小さいと乱流が生じるので，ダクト幅の 1/2 以上とする．

(3) 吐出し空気が円滑に流れるように，曲がり方向は送風機の回転方向と同じにする．

(4) 吹出口の配置は，吹き出し空気を均一に行き渡らせるため，拡散半径や到達距離を考慮する．

〔解答〕　出題1：3　　出題2：1

防火区画の貫通，保温等

出題傾向： 毎回 2 問出題されている．

例 題 ダクト及びダクト付属品の施工に関する記述のうち，適当でないものはどれか．

(1) 変風量（VAN）ユニットは，厨房の排気ダクト系統には使用しない．

(2) 防火区画を貫通するダクトと当該防火区画の壁又は床とのすき間には，グラスウール保温材を充てんする．

(3) 厨房の排気ダクトには，ダクト内の点検が定期的にできるように点検口を設ける．

(4) 排気フードの吊りは，四隅のほか最大 1 500 mm 間隔で行う．

解 説

(1)○ 変風量ユニットには風速センサーなどの電子部品が組み込まれているため，厨房排気等の温度の高い排気系には使用しない．

(2)× 防火区域，防火壁を貫通するダクトは，その隙間をモルタル，ロックウール保温材などの不燃材料で埋めなければならない．

(3)○ 厨房ダクトは，油脂等の可燃性の物質が堆積するおそれがあるので，定期的に点検清掃を行うための点検口を設ける．

(4)○ 排気フードの吊りの間隔は，1 500 mm 以下かつ四隅とする．

〔解答〕 2

出題 1 ダクト及びダクト付属品の施工に関する記述のうち，適当でないものはどれか．

(1) 保温するダクトが防火区画を貫通する場合，貫通部の保温材はロックウール保温材とする．

(2) 送風機の接続ダクトに取り付ける風量測定口は，送風機の吐出し口の直近に取り付ける．

(3) フレキシブルダクトは，吹出口ボックス及び吸込口ボックスの接続用に使用してもよい．

(4) 共板フランジ工法ダクトの施工において，クリップ等のフランジ押え金具は再使用しない．

Point

(2) 送風機の吐出し口直後の気流は乱れているため，正確な風量測定ができない．風量測定口は**直線部の気流が整流された箇所に設ける**．

(3) フレキシブルダクトは，ダクトと吹出口ボックスおよび吸込み口ボックスの接続などに使用し，可とう性や防振性が必要な箇所に用いられる．

(4) 共板フランジ工法のクリップは再使用禁止とされている．

出題2 ダクト及びダクト付属品の施工に関する記述のうち，適当でないものはどれか．

(1) 送風機とダクトを接続するたわみ継手の両端のフランジ間隔は，150 mm 以上とする．

(2) 共板フランジ工法 ダクトとアングルフランジ工法ダクトでは，横走りダクトの許容最大吊り間隔は同じである．

(3) 風量調整ダンパーは，原則として，気流の整流されたところに取り付ける．

(4) 長方形ダクトのかどの継目（はぜ）は，ダクトの強度を保つため，原則として，2箇所以上とする．

Point

(1) 送風機とダクトを接続するたわみ継手の長さは，防振効果が得られて，しかも垂れ下がらない適度な長さ（150 mm～200 mm）とする．

(2) 共板フランジ工法ダクト，アングルフランジ工法ダクトそれぞれの**許容最大吊り間隔は，2 000 mm と 3 640 mm** である．

(4) 長方形ダクトの継目（はぜ）の位置はL字型，U字型，シングル型等があり，ダクトの剛性をもたせるため，原則2箇所以上としている．

〔解答〕 出題1：2　　出題2：2

▶テーマの出題頻度　High 　Low

| 保温 | 塗装 | | 配管識別塗装 |

テーマ別 問題を解くためのカギ

ここを覚えれば
問題が解ける！

 保温

保温・保冷材は，ロックウール保温材，グラスウール保温材，ポリスチレンフォーム保温材について特性を比較する．

保温材の種類	温度適性	防湿性	耐炎性
ロックウール保温材	高温	やや不良	最良
グラスウール保温材	常温	やや不良	
ポリスチレンフォーム保温材	低温	最良	不適

施工上の注意事項
① ポリエチレンフィルムは，防湿，防水の目的で使用する．
② 保温の厚さは，保温材主体の厚さとし，外装や補助材の厚さは含まない．
③ 配管の保温・保冷工事は，水圧試験後に行う．
④ 防火区画および主要構造部の床，壁等を配管やダクトが貫通する場合は，スリーブ内面と配管・ダクトとの間隙をロックウール保温材等の不燃性のもので充填する．
⑤ 冷水および冷温水配管用の支持部には，防湿加工を施した合成樹脂製支持受けを使用する．

 塗装

塗料の種類と用途
① さび止めペイント：さび止め顔料と防食剤等をボイル油またはワニスで液状にした塗料．

② 合成樹脂調合ペイント：フタル酸樹脂と油成分を混ぜ合わせたものを，長油性フタル酸樹脂ワニスといい，このワニスと着色顔料を混ぜて作ったものである．建築物や鉄骨構造物の中塗り，上塗りとして使用する．

③ アルミニウムペイント：一般に銀ペンと呼ばれている．耐水，耐候性および耐食性が良く，過熱されるとアルミニウムの粉は鉄の表面に融着して耐熱性の塗膜が形成される．

④ 耐熱塗料：シリコン樹脂と顔料（アルミ粉，亜鉛末）を主原料とした塗料で，300℃の温度でも変色変質しない．

施工上の注意事項

① 塗装面，その周辺，床等を汚染させないように，塗装箇所周辺の養生を行う．

② 下塗り，中塗り，上塗りの各工程間の間隔時間は規定を順守する．

③ 塗装場所の気温が5℃以下，湿度85％以上の場合は塗装を行ってはならない．

配管識別塗装

配管系統の適切な管理を目的として，配管系の識別表示を施すことが多い．配管の識別表示については，JIS Z 9102（配管系の識別表示）に規定されている．

物質の種類	識別色
水	青
蒸気	暗い赤
空気	白
ガス	うすい黄
酸またはアルカリ	灰色
油	茶色
電気	うすい黄赤

保温・塗装

例題

保温・保冷・塗装等に関する記述のうち，適当でないものはどれか．

(1) アルミニウムペイントは，蒸気管や放熱管の塗装に使用しない．

(2) 天井内に隠ぺいされる冷温水配管の保温は，水圧試験後に行う．

(3) 冷温水配管の吊りバンドの支持部には，合成樹脂製の支持受けを使用する．

(4) 塗装場所の相対湿度が85％以上の場合，原則として，塗装を行わない．

解 説

(1)× アルミニウムペイントは，耐水性，耐候性および耐食性に優れている．加熱されると，成分中のアルミニウム粉が鉄の表面に融着して耐熱性の塗膜が形成される．蒸気管や放熱管等の高温になる部分の塗装に用いられる．

(2)○ 配管の水圧試験の前に保温を行うと，水圧試験で配管の健全性（破損や漏れがないか）が確認できない．そのため，保温は水圧試験後に施工する．

(3)○ 吊りバンドの支持部は，冷温水配管と直接触れているので，結露防止のための加工を施した合成樹脂製の支持受けを使用する．

(4)○ 気温が低い場合や湿度が高い場合は塗膜の乾燥が遅くなる．気温が5℃以下，湿度85％以上では塗装を行わない．また，換気が不十分な場所でも同様である．どうしても塗装しなければならない場合は，採暖や十分な換気を行う等の対策が必要である．

〔解答〕 1

出題 1　塗装に関する記述のうち，適当でないものはどれか．

(1)　塗装場所の気温が 5 ℃以下の場合，原則として，塗装は行わない．

(2)　下塗り塗料としては，一般的に，さび止めペイントが使用される．

(3)　塗料の調合は，原則として，工事現場で行う．

(4)　製作工場でさび止め塗装された機材の現場でのさび止め補修は，塗装のはく離した部分のみとしてよい．

Point

(2)　さび止めペイントは下塗り用として用いられる．

(3)　塗装は，原則として，**製造所で調合された塗料をそのまま使用する**．

(4)　工場でさび止め塗装されたものが，現場で溶接等で塗装がはく離した場合は，はく離した部分のみタッチアップ塗装を行う．

出題 2　保温，防錆及び塗装に関する記述のうち，適当でないものはどれか．

(1)　ロックウール保温材は，グラスウール保温材に比べて，使用できる最高温度が低い．

(2)　防火区画を貫通する不燃材料の配管に保温が必要な場合，当該貫通部の保温にはロックウール保温材を使用する．

(3)　鋼管のねじ接合における余ねじ部及びパイプレンチ跡には，防錆塗料を塗布する．

(4)　塗装は塗料の乾燥に適した環境で行い，溶剤による中毒を起こさないように換気を行う．

Point

(1)　**ロックウール保温材はグラスウール保温材より耐熱性に優れている**．使用温度は，ロックウール保温材は 600 ℃，グラスウール保温材は 200 ℃である．

(2)　防火区画貫通部の保温は不燃材料であるロックウール保温材を使用する．

(3)　余ねじ部や塗装のはく離部は防錆塗料を塗布する．

〔解答〕　出題 1：3　　出題 2：1

保温・塗装

例 題　JIS に規定されている配管系の識別表示について，管内の「物質等の種類」とその「識別色」の組合せのうち，適当でないものはどれか．

	（物質等の種類）	（識別色）
(1)	水 ——————	青
(2)	油 ——————	白
(3)	ガス —————	うすい黄
(4)	電気 —————	うすい黄赤

解 説

JIS Z 9102 に次の規定がある．

物質の種類	識別色
水	青
蒸気	暗い赤
空気	白
ガス	うすい黄
酸またはアルカリ	灰色
油	茶色
電気	うすい黄赤

(1)　○
(2)　×
(3)　○
(4)　○

〔解答〕　2

出題 1 保温，保冷及び塗装に関する記述のうち，適当でないものはどれか．

(1) 冷温水配管の支持部には，合成樹脂製の支持受けを使用する．

(2) グラスウール保温材は，ポリスチレンフォーム保温材に比べ，防湿性がよい．

(3) 亜鉛めっきが施されている鋼管に塗装を行う場合は，下地処理としてエッチングプライマーを使用する．

(4) アルミニウムペイントは，耐水性，耐候性及び耐食性がよく，蒸気管や放熱器の塗装に使用される．

Point

(2) グラスウール保温材は重なり合った繊維の間に空気を含んでいるため透湿するので**防湿性は良くない**．

(3) 亜鉛めっきの上に直接塗装すると，はく離するので，エッチングプライマーを下地処理剤として用いる．

出題 2 JIS で規定されている配管系の識別表示について，管内の「物質等の種類」とその「識別色」の組合せのうち，適当でないものはどれか．

　　　（物質等の種類）　　　（識別色）

(1) 　　　蒸気 ———— 青

(2) 　　　油 ———— 茶色

(3) 　　　ガス ———— うすい黄

(4) 　　　電気 ———— うすい黄赤

Point

(1) 蒸気の識別表示は暗い赤である．

〔解答〕 出題1：2　　出題2：1

試運転

▶ テーマの出題頻度　High ■■■■□　Low ■□□□□

| 多翼送風機 | 渦巻きポンプ | 騒音の測定
給水設備の試運転 | 風量測定
外気温湿度の測定
室内気流の測定 |

テーマ別 問題を解くためのカギ

> ここを覚えれば
> 問題が解ける！

渦巻きポンプ

① カップリングの水平度を確認する.
② 呼び水栓等から注水してポンプ内のエア抜きを行う.
③ 吐出側弁を全閉にして, 瞬時運転を行い, ポンプの回転方向を確認する.
④ 吐出側弁を徐々に開いて, 規定水量に調整する.
⑤ グランドパッキン部からの滴下量が適切か確認する. メカニカルシール部からのリークはほとんどない.
⑥ 軸受温度を点検する.
⑦ 異常音, 異常振動がないことを確認する.

多翼送風機

① Vベルトは, 指で押したときベルトの厚さ程度たわむのを確認する.
② 送風機を手で回して, 異常がないことを確認する.
③ 吐出側ダンパーを全閉にして, 瞬時運転し, 回転方向を確認する.
④ 吐出側ダンパーを徐々に開いて, 規定風量に調整する.

風量測定

① ダクト内の風量測定は, ダクトを等断面積に区分し, 風量測定口からそれぞれの中心風速を測定し, 平均を求め, これに断面積を乗じて風量を求める.
② 測定位置は, 偏流の起こらない直線部分とする.
③ 風速計は, 熱線風速計, ピトー管等を用いる.

外気温湿度の測定

① 温湿度の測定は，アスマン通風乾湿球温度計，小型温湿度データロガー等を用いる．

② 測定場所は，原則として外気取入れ口付近とする．

室内気流の測定

① 室内気流の測定は，熱線風速計，カタ温度計等を用いる．

② 測定点は，床上 750〜1 500 mm の高さとする．室内気流は 0.1〜0.2 m/s 程度が適当である．

騒音の測定

① 騒音の測定は，サウンドレベルメーターを用いる．

② 屋外騒音は，冷却塔，空冷ヒートポンプ，排気口等の騒音を敷地境界線上で測定する．

給水設備の試運転

① ポンプの振動，軸受け温度等を点検する．

② 各機器の吐出圧を調整する．

③ 末端の給水栓において，遊離残留塩素が 0.2 mg/L 以上であること．

試運転

出題傾向： ポンプ，送風機の試運転，配管・機器の水圧・気密試験等に関する問題が1問出題されている．

例 題 多翼送風機の試運転調整に関する記述のうち，適当でないものはどれか．

⑴ 手元スイッチで瞬時運転し，回転方向が正しいことを確認する．

⑵ 送風機停止時に，Vベルトがたわみなく強く張られた状態であることを確認する．

⑶ 風量調整は，風量調整ダンパーが全閉となっていることを確認して開始する．

⑷ 風量測定口がない場合の風量調整は，試験成績表の電流値を参考にする．

解 説

⑴○ 瞬時運転をして，回転方向を確認する．

⑵× Vベルトの張り具合の調整を行う．Vベルトの張り具合は，指で押さえてベルトの幅程度たわむくらいに調整する．

⑶○ 風量調整は，風量調整ダンパーが全閉の状態で送風機を起動し，徐々に開いて，風量測定口で計測し，調整する．このとき，過電流に注意する．

⑷○ 風量測定口がない場合は，試験成績表の電流値を参考に，開度調整を行う．

〔解答〕　2

出題 1
渦巻きポンプの試運転調整に関する記述のうち，適当でないものはどれか．

(1) 呼水栓等から注水してポンプ内を満水にすることにより，ポンプ内のエア抜きを行う．

(2) 吸込み側の弁を全開にして，吐出し側の弁を閉じた状態から徐々に弁を開いて水量を調整する．

(3) メカニカルシール部から一定量の漏れ量があることを確認する．

(4) 瞬時運転を行い，ポンプの回転方向と異常音や異常振動がないことを確認する．

Point
　ポンプ試運転の手順は，①呼水栓等からポンプ内に水張を行う．②瞬時運転を行い，回転方向の確認をする．③吸込み側弁全開，吐出側弁全閉にして，徐々に弁を開いて水量調整する．④グランドパッキン部から一定量の滴下を確認する．**メカニカルシールの場合は，漏水はほとんどない．**

出題 2
試運転調整に関する記述のうち，適当でないものはどれか．

(1) 高置タンク方式の給水設備における残留塩素の測定は，高置タンクに最も近い水栓で行う．

(2) 多翼形送風機の試運転では，軸受け温度を測定し，周囲の空気との温度差を確認する．

(3) マルチパッケージ形空気調和機の試運転では，運転前に，屋外機と屋内機の間の電気配線及び冷媒配管の接続について確認する．

(4) 屋外騒音の測定は，冷却塔等の騒音の発生源となる機器を運転して，敷地境界線上で行う．

Point
(1) 残留塩素の測定は，高置タンクの**末端となる水栓**において，0.2 mg/L 以上となっているか確認する．

(2) 試運転の一項目として，軸受け温度を測定する．

(3) 配線の接続，冷媒配管の接続を確認する．

(4) 冷却塔等の騒音は敷地境界線上で行う．

〔解答〕　出題 1：3　　出題 2：1

試運転

出題傾向： ポンプ，送風機の試運転，配管・機器の水圧・気密試験等に関する問題が1問出題されている．

例 題

「機器又は配管」と「試験方法」の組合せのうち，適当でないものはどれか．

(機器又は配管)　　　(試験方法)

(1)　受水タンク —————— 満水試験

(2)　浄化槽 —————————— 満水試験

(3)　排水管 —————————— 通水試験

(4)　ガス管 —————————— 通水試験

解 説

(1)○　給水・給湯のタンク類は，漏水の有無を確認するために満水試験を行う．据付完了後，上水で満水状態に水張し，24時間保持し，漏水の有無を調べる．

(2)○　浄化槽も，据付完了後，満水状態にして24時間放置し，漏水の有無を確認する．

(3)○　通水試験は，給水栓等から使用状態に応じた水量を流し，逆勾配の有無がないか，配管や器具等に漏洩，閉塞がないか等を検査する．着色水やトイレットペーパーを流して計画どおりに流れるか確認する場合もある．

(4)×　ガス管は，最高使用圧力の1.25倍の圧力で気密試験を行う．空気または窒素等で昇圧し，リークチェック液で漏洩確認する．同時に，試験用圧力計を取付け，漏洩による圧力降下がないか確認する．

〔解答〕　4

出題 1

「機器又は配管」とその「試験方法」の組合せのうち，適当でないものはどれか．

（機器又は配管）	（試験方法）
(1) 建屋内排水管 ———— 通水試験
(2) 敷地排水管 ———— 通水試験
(3) 浄化槽 ———— 満水試験
(4) 排水ポンプ吐出し管 ——— 満水試験

Point

(1),(2) 排水管は，通水試験を行う．

(4) **排水ポンプ吐出し管は，水圧試験**を実施する（試験圧力はポンプ全揚程×2，最小 0.75 MPa）．保持時間は 60 分．

出題 2

空気調和設備の試運転調整における「測定対象」と「測定機器」の組合せのうち，適当でないものはどれか．

（測定対象）	（測定機器）
(1) ダクト内風量 ——— 熱線風速計
(2) ダクト内圧力 ——— 直読式検知管
(3) 室内温湿度 ———— アスマン通風乾湿計
(4) 室内気流 ————— カタ計

Point

直読式検知管は，**ガス濃度**を測定するものである．

〔解答〕 出題 1：4 出題 2：2

正解を二つ選ぶ問題

出題傾向： 令和3年前期から四つの選択肢から二つを選ぶ問題が出題されている．必須問題が4問出題されている．工程表，機器据付け，配管，ダクトそれぞれ1問ずつである．

例 題

工程表に関する記述のうち，適当でないものはどれか．

適当でないものは二つあるので，二つとも答えなさい．

(1) ネットワーク工程表は，各作業の現時点における進行状態が達成度により把握できる．

(2) バーチャート工程表は，ネットワーク工程表に比べて，各作業の遅れへの対策が立てにくい．

(3) 毎日の予定出来高が一定の場合，バーチャート工程表上の予定進捗度曲線はS字形となる．

(4) ガントチャート工程表は，各作業の変更が他の作業に及ぼす影響が不明という欠点がある．

解 説

(1)×　ネットワーク工程表の特徴は，計画，管理の実施段階で，計画の変更や条件の変更に即応できるところである．各作業の現時点における進行状態が達成度により把握できる工程表は，ガントチャートである．

(2)○　ネットワーク工程表は，各作業の遅れへの対策が立てやすい特徴がある．バーチャート工程表は，各作業の所要日数と施工日程はわかりやすいが作業の遅れへの対策は立てにくい．

(3)×　毎日の予定出来高が一定であるならば，バーチャート工程表上の予定進捗度曲線は直線になる．

(4)○　ガントチャート工程表は進行状態の把握はできるが，各作業の前後関係，各作業の日程および所要日数は工程表から読み取れない．したがって，各作業の変更が他の作業に及ぼす影響は読み取ることができない．

出題 1

機器の据付けに関する記述のうち，適当でないものはどれか．

適当でないものは二つあるので，二つとも答えなさい．

(1) 遠心送風機の据付け時の調整において，V ベルトの張りが強すぎると，軸受の過熱の原因になる．

(2) 呼び番号 3 の天吊りの遠心送風機は，形鋼製の架台上に据え付け，架台はスラブから吊りボルトで吊る．

(3) 冷却塔は，補給水口の高さが補給水タンクの低水位から 2 m 以内となるように据え付ける．

(4) 埋込式アンカーボルトの中心とコンクリート基礎の端部の間隔は，一般に，150 mm 以上を目安としてよい．

Point

(1) V ベルトの張りが強すぎると，軸受の軸に直角方向の力がかかるので，過熱の原因になる．

(2) 呼び番号 2 以上の天吊り遠心送風機は，形鋼でかご型に溶接した架台上に据付け，その架台をスラブ鉄筋に緊結した**アンカーボルトで固定**する．

(3) 冷却塔の補給水はボールタップで作動させる場合は，水頭圧が**3 m 以上**必要である．

(4) アンカーボルトと基礎の端部との距離が小さいと，コンクリート基礎が破損する場合がある．一般的に，150 mm 以上とする．

出題 2　ダクト及びダクト付属品の施工に関する記述のうち，適当でないものはどれか．
　　適当でないものは二つあるので，二つとも答えなさい．

(1) 厨房排気ダクトの防火ダンパーでは，温度ヒューズの作動温度は 72 ℃とする．

(2) ダクトからの振動伝播を防ぐ必要がある場合は，ダクトの吊りは防振吊りとする．

(3) 長方形ダクトの断面のアスペクト比（長辺と短辺の比）は，原則として，4 以下とする．

(4) アングルフランジ工法ダクトのフランジは，ダクト本体を成型加工したものである．

Point

(1) 厨房排気ダクトの防火ダンパーでは，温度ヒューズの**作動温度は 120 ℃**である．

(2) 振動を防ぐ必要がある場合の横走りダクトは，防振吊り金具を用いる．

(3) 長方形ダクト断面のアスペクト比は原則 4 以下とする．

(4) アングルフランジ工法ダクトのフランジは，**アングルを亜鉛鋼板に溶接または リベット接合したものである**．ダクト本体を成型加工したものは共板フランジ工法である．

出題 3 工程表に関する記述のうち，適当でないものはどれか．
　　適当でないものは二つあるので，二つとも答えなさい．

(1) ガントチャート工程表は，各作業を合わせた工事全体の進行状態が不明という欠点がある．

(2) ガントチャート工程表は，各作業の所要日数が容易に把握できる．

(3) バーチャート工程表に記入される予定進度曲線は，バナナ曲線とも呼ばれている．

(4) バーチャート工程表は，各作業の施工日程が容易に把握できる．

Point

(1),(2) ガントチャート工程表は，現在の進行状況を棒グラフで示したもので，各作業の現時点での進行状況はよくわかるが，①各作業の前後関係が不明②工事全体の進行状況が不明③各作業の所要日数が不明などの欠点がある．

(3) バナナ曲線は，最も早く施工が完了したときの限界を上方許容限界曲線，最も遅く施工が完了したときの限界を下方許容限界曲線という．この上下の曲線に囲まれた形がバナナに似ていることからバナナ曲線と呼ばれる．

(4) バーチャート工程表は，各作業の開始日と終了日を横線で結ぶもので，各作業の施工日程が容易に把握できる．

出題 4 機器の据付けに関する記述のうち，適当でないものはどれか．
　　適当でないものは二つあるので，二つとも答えなさい．

(1) 耐震ストッパーは，機器の 4 隅に設置し，それぞれアンカーボルト 1 本で基礎に固定する．

(2) 飲料用の給水タンクは，タンクの上部が天井から 100 cm 以上離れるように据え付ける．

(3) 冷水ポンプのコンクリート基礎は，基礎表面に排水溝を設け，間接排水できるものとする．

(4)　排水用水中モーターポンプは，排水槽への排水流入口に近接した位置に据え付ける．

Point

(1)　耐震ストッパーは，**2 本以上**のアンカーボルトで基礎に固定する．

(2)　飲料用給水タンクの据え付けにおいて，タンクと壁の間には 60 cm 以上，天井面との間には 100 cm 以上の保守点検スペースを設ける．

(3)　ポンプ本体の結露やグランドパッキンからの少量のリークは，基礎表面に排水溝を設け，間接排水する．

(4)　排水用水中モーターポンプは，排水槽への流入口から**離れた**場所に設置する．

出題 5　配管及び配管附属品の施工に関する記述のうち，適当でないものはどれか．

適当でないものは二つあるので，二つとも答えなさい．

(1)　飲料用の冷水器の排水管は，その他の排水管に直接連結しない．

(2)　飲料用の受水タンクに給水管を接続する場合は，フレキシブルジョイントを介して接続する．

(3)　ループ通気管の排水横枝管からの取出しの向きは，水平又は水平から 45°以内とする．

(4)　ループ通気管の排水横枝管からの取出し位置は，排水横枝管に最上流の器具排水管が接続された箇所の上流側とする．

Point

(1)　冷蔵庫，水飲器その他これらに類する機器の排水管は，その他の排水管に直接連結しないことが定められている．

(2)　飲料水用のタンクに配管を接続する場合，フレキシブルジョイントを介して接続する場合がある．

(3)　ループ通気管を排水横枝管から取り出す場合の向きは，**垂直または垂直から 45°以内**とする．

(4)　ループ通気管の排水横枝管からの取出し位置は，排水横枝管に最上流の器具排水管が接続された箇所の**下流側直後**とする．

〔解答〕　出題 1：2，3　　出題 2：1，4　　出題 3：2，3
出題 4：1，4　　出題 5：3，4

労働安全衛生法

▶テーマの出題頻度　High　Low

安全管理体制	作業主任者	特別教育	危険作業

テーマ別 問題を解くためのカギ

ここを覚えれば
問題が解ける！

安全管理体制

　事業場の規模に応じて求められる管理体制は表のようになる．このうち，多く出題されているのは，安全衛生推進者についてである．

事業場の規模 （常時雇用）	総括管理者	安全管理	衛生管理	委員会
100 人以上	総括安全衛生 責任者	安全管理者	衛生管理者 産業医	安全衛生委員会
50～99 人	―	安全管理者	衛生管理者 産業医	安全衛生委員会
10～49 人	―	安全衛生推進者		―

① 安全管理者・衛生管理者・安全衛生推進者の管理業務．
② 労働者の危険または健康障害を防止するための措置に関すること．
③ 労働者の安全または衛生のための教育の実施に関すること．
④ 健康診断の実施その他健康の保持増進のための措置に関すること．
⑤ 労働災害の原因の調査および再発防止対策に関すること．

作業主任者

　法第 14 条に，労働災害を防止するための管理を必要とする作業では，作業主任者を選任し，当該作業に従事する労働者の指揮その他の厚生労働省令で定める事項を行わせなければならない，と規定されている．作業主任者を選任すべき作業は，令第 6 条に定めている．このうち出題されそうなものを次に挙げる．
① アセチレン溶接装置またはガス集合装置を用いて行う金属の溶接，溶断または

加熱の作業
② 　ボイラ（小型ボイラを除く）の取扱いの作業
③ 　掘削面の高さが 2 m 以上となる地山の掘削の作業
④ 　型枠支保工の組立または解体の作業
⑤ 　吊り足場，張出し足場または高さが 5 m 以上の構造の足場の組立て，解体または変更の作業
⑥ 　酸素欠乏危険場所における作業
⑦ 　石綿もしくは石綿をその重量の 0.1 ％を超えて含有する製剤その他の物を取り扱う作業

 特別教育

　事業者は，労働者を雇い入れたときは，当該労働者に対し，安全または衛生のための教育を行わなければならない．
特別教育を必要とする業務（抜粋）
① 　吊り上げ荷重が 5 トン未満のクレーンの運転
② 　吊り上げ荷重が 1 トン未満の移動式クレーンの運転
③ 　小型ボイラの取扱い
④ 　作業床の高さが 10 m 未満の高所作業車の運転
⑤ 　吊り上げ荷重が 1 トン未満のクレーン，移動式クレーンまたはデリックの玉掛け
⑥ 　酸素欠乏危険場所における作業
⑦ 　足場の組立て，解体または変更の作業

その他危険作業

　移動はしごは，幅 30 cm 以上とし，すべり止め装置を取り付ける．
　ボール盤，面取り盤等の回転する刃物に作業中の労働者の手が巻き込まれるおそれのあるときは，手袋を使用させてはならない．

労働安全衛生法

例題 建設現場における安全衛生管理体制に関する文中，（　　）内に当てはまる「労働安全衛生法」上に定められた数値の組合せとして，正しいものはどれか.

事業者は，労働者の数が常時（A）人以上（B）人未満の事業場において，安全衛生推進者を選任しなければならない.

	(A)		(B)
⑴	5	——	50
⑵	5	——	60
⑶	10	——	50
⑷	10	——	60

解説

労働安全衛生法第12条の2 事業者は，<u>第11条第1項の事業場及び前条第1項の事業場以外の事業場</u>で，<u>厚生労働省令で定める規模のものごとに</u>，厚生労働省令で定めるところにより，安全衛生推進者（第11条第1項の政令で定める業種以外の業種の事業場にあっては，衛生推進者）を選任し，その者に第10条第1項各号の業務（第25条の2第2項の規定により技術的事項を管理する者を選任した場合においては，同条第1項各号の措置に該当するものを除くものとし，第11条第1項の政令で定める業種以外の業種の事業場にあっては，衛生に係る業務に限る.）を担当させなければならない.

　条文は非常に読みにくいが，次のように解釈する.

建設業は<u>第11条第1項の事業場</u>である.<u>厚生労働省令で定める規模</u>は労働安全衛生規則第12条の2に規定している.「法第12条の2の厚生労働省令で定める規模の事業場は，常時10人以上50人未満の労働者を使用する事業場とする.

　したがって，⑶が正しい.

〔解答〕 3

出題 1　建設業の事業場において，安全衛生推進者が行う業務として，「労働安全衛生法」上，規定されていないものはどれか．

(1)　労働者の危険又は健康障害を防止するための措置に関すること

(2)　労働者の安全又は衛生のための教育の実施に関すること

(3)　労働災害の原因の調査及び再発防止対策に関すること

(4)　労働者の雇用期間の延長及び賃金の改定に関すること

Point

　安全衛生推進者が行う業務は，例題の解説中にある第 10 条第 1 項の業務である．条文中に記載の業務に(1)，(2)，(3)はあるが，(4)はない．

出題 2　建設業における安全衛生管理に関する記述のうち，「労働安全衛生法」上，誤っているものはどれか．

(1)　事業者は，常時 5 人以上 60 人未満の労働者を使用する事業場ごとに，安全衛生推進者を選任しなければならない．

(2)　事業者は，労働者を雇い入れたときは，当該労働者に対し，その従事する業務に関する安全又は衛生のための教育を行わなければならない．

(3)　事業者は，移動はしごを使用する場合，はしごの幅は 30 cm 以上のものでなければ使用してはならない．

(4)　事業者は，移動はしごを使用する場合，すべり止め装置の取付けその他転位を防止するために必要な措置を講じたものでなければ使用してはならない．

Point

(1)　例題のとおり安全衛生推進者の選任は，**常時 10 人以上 50 人未満**の事業場である．

(2)　法第 59 条からの出題

(3)　規則第 527 条第三号からの出題

(4)　同じく規則第 527 条第四号からの出題

〔解答〕　出題 1：4　　出題 2：1

労働安全衛生法

出題傾向： 労働安全衛生法に関する問題が1問出題されている.

例題 建設工事現場における作業のうち，「労働安全衛生法」上，その作業を指揮する作業主任者の選任が必要でない作業はどれか.

(1) 掘削面の高さが2m以上となる地山の掘削（ずい道及びたて坑の掘削を除く.）

(2) 高さが5m以上の構造物の足場の組立て

(3) 作業床の高さが10m未満の高所作業者の運転（道路上を走行させる運転を除く.）

(4) ボイラー（小型ボイラーを除く）の取扱い

解説

作業主任者については法第14条に規定しており，選任すべき作業については施行令第6条に規定されている.

(1)○ 9号で「掘削面の高さが2m以上となる地山の掘削の作業」と規定されている.

(2)○ 15号で「高さが5m以上の構造の足場の組立て，解体又は変更の作業」と規定されている.

(3)× 作業床の高さが10m未満の高所作業者の運転の業務は，特別教育を行わなければならない業務で，作業主任者を選任すべき作業ではない.

また，作業床の高さが10m以上の高所作業車の運転は技能講習の受講が必要である.

(4)○ 4号で「ボイラー（小型ボイラーを除く.）の取扱い」と規定されている.

〔解答〕 3

出題 1　建設業の事業場における労働災害の防止等に関する記述のうち，「労働安全衛生法」上，誤っているものはどれか．

(1)　石綿をその重量の 0.1 ％を超えて含有する保温材の撤去作業において，作業主任者を選任して労働者の指揮をさせる．

(2)　ボール盤，面取り盤等を使用する作業において，手の滑りを防止するため，滑り止めを施した手袋を労働者に着用させる．

(3)　明り掘削の作業において，運搬機械が転落するおそれがある場合，誘導者を配置して機械を誘導させる．

(4)　明り掘削の作業において，物体の飛来又は落下による危険を防止するため，保護帽を労働者に着用させる．

Point

(1)　施行令第 6 条第二十三号からの出題．

(2)　則第 111 条「事業者は，ボール盤，面取り盤等の回転する刃物に作業中の労働者の手が巻き込まれるおそれのあるときは，当該労働者に**手袋を使用させてはならない**」

(3)　則第 365 条からの出題

(4)　則第 366 条からの出題

出題 2　建設工事現場における作業のうち，「労働安全衛生法」上，作業主任者を選任すべき作業に該当しないものはどれか．

(1)　既設汚水ピット内での配管の作業

(2)　型枠支保工の組立ての作業

(3)　つり上げ荷重が 1 トン未満の移動式クレーンの玉掛けの作業

(4)　第一種圧力容器（小型圧力容器等を除く．）の取扱いの作業

Point

施行令第 6 条からの出題である．

(1), (2), (4)　既設ピット内作業は，第二十一号の酸素欠乏危険場所における作業．型枠支保工の組立は第十四号．第一種圧力容器の取扱いは第十七号

(3)　吊り上げ荷重が 1 トン未満の移動式クレーンの玉掛けの作業は，特別教育が規定されており，作業主任者を選任すべき作業には該当しない．

〔解答〕　出題 1：2　　出題 2：3

── 分野 DATA ──
・出 題 数 ················ 4
・回 答 数 ················ 2
・出題区分 ·········· 選択問題

▶テーマの出題頻度　High ■■■■　Low ■□□□

| 未成年者の労働契約 | 賃金の支払い | 労働条件の明示労働時間 | 定義休業手当休憩年次有給休暇 |

テーマ別 問題を解くためのカギ

ここを覚えれば問題が解ける！

　近年の過去問に関連する労働基準法の条文を以下に列記する.

🔑 定義

　法第11条　賃金とは，賃金，給料，手当，賞与その他名称の如何を問わず，労働の対償として使用者が労働者に支払うすべてのものをいう.

🔑 労働条件の明示

　法第15条　使用者は，労働契約の締結に際し，労働者に対して賃金，労働時間その他の労働条件を明示しなければならない.
　2　前項の規定によって明示された労働条件が事実と相違する場合においては，労働者は，即時に労働契約を解除することができる.
　使用者が明示すべき労働条件は，則第5条に記載がある. その要点は，①労働契約の期間に関する事項，②就業の場所および従事すべき業務に関する事項，③始業および就業の時刻，所定労働時間を超える労働の有無，④賃金の決定，計算および支払の方法，賃金の締切りおよび支払の時期並びに昇給に関する事項.

🔑 賃金の支払い

　法第24条　賃金は，通貨で，直接労働者に，その全額を支払わなければならない.
　2　賃金は，毎月1回以上，一定の期間を定めて支払わなければならない.

🔑 休業手当

　法第26条　使用者の責に帰すべき事由による休業の場合においては，使用者は，休業期間中当該労働者に，その平均賃金の100分の60以上の手当を支払わなけれ

ばならない．

使用者の責に帰すべき事由とは，機械の検査，燃料の不足，流通機構の不円滑による資材入手難，監督官庁の監督による操業停止等が考えられる．

 ## 労働時間

法第 32 条　使用者は，労働者に，休憩時間を除き 1 週間について 40 時間を超えて，労働させてはならない．

2　使用者は，1 週間の各日については，労働者に，休憩時間を除き 1 日について 8 時間を超えて，労働させてはならない．

休憩

法第 34 条　使用者は，労働時間が 6 時間を超える場合においては少くとも 45 分，8 時間を超える場合においては少くとも 1 時間の休憩時間を労働時間の途中に与えなければならない．

2　前項の休憩時間は，一斉に与えなければならない．

3　使用者は，休憩時間を自由に利用させなければならない．

年次有給休暇

法第 39 条　使用者は，その雇入れの日から起算して 6 箇月間継続勤務し全労働日の 8 割以上出勤した労働者に対して，10 労働日の有給休暇を与えなければならない．

未成年者の労働契約

法第 58 条　親権者又は後見人は，未成年者に代って労働契約を締結してはならない．

法第 59 条　親権者又は後見人は，未成年者の賃金を代って受け取ってはならない．

法第 61 条　満 18 才に満たない者を午後 10 時から午前 5 時までの間において使用してはならない．

労働者名簿及び賃金台帳

使用者は，各事業場ごとに労働者名簿を調製し，労働者の氏名，生年月日，履歴その他の事項を記入しなければならない．

使用者は，各事業場ごとに賃金台帳を調製し，氏名，性別，労働日数等を記入しなければならない．

労働基準法

例 題 労働条件における休憩に関する記述のうち，「労働基準法」上，誤っているものはどれか．

(1) 使用者は，休憩時間を自由に利用させなければならない．

(2) 使用者は，労働時間が6時間を超える場合においては少なくとも30分の休憩時間を労働の途中に与えなければならない．

(3) 使用者は，労働時間が8時間を超える場合においては少なくとも1時間の休憩時間を労働時間の途中に与えなければならない．

(4) 使用者は，休憩時間を一斉に与えなければならない．

解 説

労働基準法第34条からの出題である．

(1)○ 第3項に，「休憩時間を自由に利用させなければならない．」と規定されている．

(2)× 第1項に，「労働時間が6時間を超える場合においては少くとも45分，8時間を超える場合においては少くとも1時間の休憩時間を労働時間の途中に与えなければならない」と規定がある．

　30分の休憩としているのは誤っている．

(3)○ 同上

(4)○ 第2項に，「休憩時間は，一斉に与えなければならない．ただし，当該事業場に，労働者の過半数で組織する労働組合がある場合においてはその労働組合，労働者の過半数で組織する労働組合がない場合においては労働者の過半数を代表する者との書面による協定があるときは，この限りでない．」と規定がある．

　問題文では，ただし書き以下の記載はないので，正しいことになる．

〔解答〕 2

出題 1 労働条件に関する記述のうち，「労働基準法」上，誤っているもの
はどれか．ただし，労働組合との協定等又は法令若しくは労働協約に別の定め
がある場合等を除く．

(1) 労働者が業務上負傷し，労働することができないために賃金を受けない場
合において，使用者は，平均賃金の 30/100 の休業補償を行わなければな
らない．

(2) 使用者は，労働者に，休憩時間を除き 1 日について 8 時間を超えて労働さ
せてはならない．

(3) 使用者から明示された労働条件が事実と相違する場合，労働者は，即時に
労働契約を解除することができる．

(4) 賃金は，通貨で，直接労働者に，その全額を支払わなければならない．

Point

(1) 法第 26 条からの出題で，休業補償は 60/100 と規定している．

(2) 法第 32 条第 2 項からの出題である．

(3) 法第 15 条第 2 項からの出題である．

(4) 法第 24 条第 1 項からの出題である．

出題 2 未成年者の労働契約に関する記述のうち，「労働基準法」上，誤っ
ているものはどれか．

(1) 親権者又は後見人は，未成年者に代って労働契約を締結してはならない．

(2) 未成年者は，独立して賃金を請求することができる．

(3) 親権者又は後見人は，未成年者の同意を得れば，未成年者の賃金を代って
受け取ることができる．

(4) 使用者は，原則として，満 18 才に満たない者を午後 10 時から午前 5 時
までの間において使用してはならない．

Point

未成年者の労働契約については問題を解くためのカギに記載している．

(3) 法第 59 条に「親権者又は後見人は，未成年者の賃金を代って受け取ってはな
らない．」と規定がある．

〔解答〕 出題 1：1 出題 2：3

労働基準法

例 題 労働時間と年次有給休暇に関する文中，□□□内に当てはまる「労働基準法」上に定められた数値の組合せとして，正しいものはどれか．

ただし，労働組合等との協定等による別の定めがある場合を除く．

使用者は，労働者に，休憩時間を除き 1 週間について□□□時間を超えて労働させてはならない．

また，使用者は，その雇入れの日から起算して 6 箇月間継続勤務し全労働日の 8 割以上出勤した労働者に対して，継続し，又は，分割した□□□労働日の有給休暇を与えなければならない．

(A)　　　(B)

⑴　35 —— 7

⑵　35 —— 10

⑶　40 —— 7

⑷　40 —— 10

解 説

労働時間と年次有給休暇について規定した条文からそのまま出題されている．

法第 32 条 「使用者は，労働者に，休憩時間を除き 1 週間について 40 時間を超えて，労働させてはならない.」

法第 39 条 「使用者は，その雇入れの日から起算して 6 箇月間継続勤務し全労働日の 8 割以上出勤した労働者に対して，継続し，又は分割した 10 労働日の有給休暇を与えなければならない.」

⑷が正しい．

〔解答〕　4

出題1 労働者名簿及び賃金台帳に関する記述のうち，「労働基準法」上，誤っているものはどれか．

⑴　使用者は，各事業場ごとに，日々雇入れる者を除き，労働者名簿を作成しなければならない．

⑵　使用者は，各事業場ごとに，賃金計算の基礎となる事項等を記入した賃金

台帳を作成しなければならない.

⑶ 労働者名簿には，労働者の性別，戸籍，住所等を記入しなければならない.

⑷ 賃金台帳には，労働者の氏名，性別，労働日数等を記入しなければならない.

Point

⑴ 法第 107 条に「…労働者名簿を調製し…」とある．調製とは作成すると解釈する.

⑵ 法第 108 条に「…賃金台帳を調製し…」とある.

⑶ 労働者名簿に記入しなければならない事項は，性別，住所等で，**戸籍は記載事項に当たらない**.

⑷ 賃金台帳への記入事項は，性別，住所，労働日数，労働時間数等がある.

出題 2 　労働者に支払う賃金に関する記述のうち，「労働基準法」上，誤っているものはどれか．ただし，法令若しくは労働協約に別段の定めがある場合等，及び，労働組合等との書面による協定がある場合を除く.

⑴ 賃金とは，賃金，給料，手当等，労働の対償として使用者が労働者に支払うものをいい，賞与はこれに含まれない.

⑵ 賃金は，通貨で，直接労働者に，その全額を支払わなければならない.

⑶ 賃金は，原則として，毎月 1 回以上一定の期日を定めて支払わなければならない.

⑷ 使用者は，労働者が疾病の費用に充てるために請求する場合においては，支払期日前であっても，既往の労働に対する賃金を支払わなければならない.

Point

⑴ 法第 11 条　賃金とは，賃金，給料，手当，**賞与**その他名称の如何を問わず，労働の対償として**使用者が労働者に支払うすべてのものをいう**.

⑵ 法第 24 条　賃金は，通貨で，その全額を支払わなければならない.

⑶ 同第 2 項　賃金は，毎月 1 回以上，一定の期間を定めて支払わなければならない.

⑷ 法第 25 条　使用者は，労働者が出産，疾病，災害その他厚生労働省令で定める非常の場合の費用に充てるために請求する場合においては，支払期日前であっても，既往の労働に対する賃金を支払わなければならない.

〔解答〕　出題 1：3　　出題 2：1

建築基準法

── 分野 DATA ──
・出題数 ···················· 4
・回答数 ···················· 2
・出題区分 ·········· 選択問題

▶テーマの出題頻度 High   Low

| 用語の定義 | 配管 | 中央管理方式の空気調和設備建築物の高さ，階数 | 建築確認が必要な建物 |

テーマ別 問題を解くためのカギ

ここを覚えれば問題が解ける！

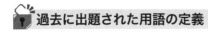

過去に出題された用語の定義

用語	定義
建築物	土地に定着する工作物のうち，屋根及び柱若しくは壁を有するもの．建築設備を含む
特殊建築物	学校，体育館，病院，共同住宅，寄宿舎，自動車車庫等
建築設備	建築物に設ける電気，ガス等の設備
居室	居住，執務，作業等の目的で継続的に使用する室
主要構造物	壁，柱，床，屋根，階段等をいう．

中央管理方式の空気調和設備

浮遊粉塵の量	0.15 mg/m³ 以下
一酸化炭素の含有率	10/100 万
炭酸ガスの含有率	1 000/100 万以下
温度	17 ℃以上 28 ℃以下
相対湿度	40 ％以上 70 ％以下
気流	0.5 m/s 以下

建築確認申請が必要な建物

① 特殊建築物で，その用途の床面積の合計が 200 m² を超える建築（新築・増

築・改築・移転），大規模の修繕・模様替え，用途変更である．

② 木造で3階建て以上の建築物，又は延べ面積が 500 m²，高さが 13 m 若しくは軒の高さが 9 m を超えるもの．

③ 木造以外で 2 階建て以上の建築物，又は延べ面積が 200 m² を超えるもの．

④ 都市計画区域，若しくは準都市計画区域内における建築物．

建築物の高さ，階数

① 階段室，昇降機塔等これらに類する建築物の屋上部分の水平投影面積の合計が当該建築物の建築面積の 1/8 以内の場合においては，その部分の高さは，12 m までは，当該建築物の高さに算入しない．

② 塔飾，防火壁の屋上突出部その他これらに類する屋上突出物は，当該建築物の高さに算入しない．

③ 地階の倉庫，機械室その他これらに類する建築物の部分で，水平投影面積の合計が当該建築物の建築面積の 1/8 以下のものは，階数に算定しない．

配管

① 地階を除く階数が 3 以上ある建築物，地階に居室を有する建築物又は延べ面積が 3 000 m² を超える建築物では，給水，排水配管等の設備は，不燃材料で造ること．

② 飲料水の配管設備とその他の配管設備とは，直接連結させないこと．

③ 水槽，流しその他水をいれ，又は受ける設備に給水する飲料水の配管設備の水栓の開口部にあっては，これらの設備のあふれ面と水栓の開口部との垂直距離を適当に保つこと．給水立て主管から各階への分岐管等主要な分岐管には，分岐管に接近した部分で，かつ，操作を容易に行うことができる部分に止水弁を設ける．

④ 排水配管は汚水に接する部分は，不浸透質の耐水材料で造ること．

⑤ 排水管は，給水ポンプ等の機器の排水管に直接連結しない．

⑥ 雨水排水立て管は，汚水排水管・通気管と兼用し，又はこれらの管に連結しない．

⑦ 排水トラップの封水深さは，5 cm 以上 10 cm 以下とする．

⑧ 阻集器は，汚水から油脂，ガソリン，土砂等を有効に分離できる構造とする．

⑨ 排水再利用配管設備は，水栓に排水再利用水であることを表示する．

用語の定義

例題 建築の用語に関する記述のうち，「建築基準法」上，誤っているものはどれか．

(1) 建築物とは，土地に定着する工作物のうち屋根及び柱若しくは壁を有するものなどをいい，建築設備は含まない．

(2) 継続的に使用される会議室は，居室である．

(3) 主要構造部とは，壁，柱，床，はり，屋根又は階段をいい，構造耐力上主要な部分とは必ずしも一致しない．

(4) アルミニウムとガラスはどちらも不燃材料である．

解説

(1)× 建築基準法第2条第一号に建築物の定義が規定されている．「土地に定着する工作物のうち，屋根及び柱若しくは壁を有するものなどをいい，建築設備を含むものとする．」とある．ここで，建築設備とは，建築物に設ける電気，ガス，給水，排水，換気，暖房，冷房，消火，排煙もしくは汚物処理の設備または煙突，昇降機もしくは避雷針をいう．

(2)○ 同第四号に居室とは，「居住，執務，作業，集会，娯楽その他これらに類する目的のために継続的に使用する室をいう．」とある．

(3)○ 主要構造部は問題文のとおりであり，構造耐力上重要な部分は基礎，基礎ぐい，壁，柱，小屋組，土台，斜材，床版，屋根版等をいい，主要構造物と構造耐力上重要な部分は必ずしも一致しない．

主要構造物とは，防火や安全衛生上重要な建物の部位を示す．構造耐力上重要な部分とは，定義が異なっている．

(4)○ 令第108条の2に不燃性能およびその技術的基準が定められており，平成12年建設省告示第1400号に不燃性能の要件を満たす建築材料が挙げられている．そのなかにアルミニウム，ガラスが定められている．

〔解答〕 1

出題1 建築物に関する記述のうち，「建築基準法」上，誤っているものはどれか．

(1) 最下階の床は，主要構造部である．

(2) 屋根は，主要構造部である．

(3) 集会場は，特殊建築物である．

(4) 共同住宅は，特殊建築物である．

Point

建築基準法第2条第1項第五号に主要構造部，第二号に特殊建築物の記載がある．

(1),(2) 主要構造部は，壁，柱，床，はり，**屋根**または階段をいい，**最下階の床を除く**となっている．

(3),(4) 特殊建築物は，学校，体育館，病院，劇場，集会場，共同住宅，寄宿舎，自動車車庫等である．

出題2 次の建築物のうち，「建築基準法」上，特殊建築物でないものはどれか．

(1) 寄宿舎

(2) 共同住宅

(3) 事務所

(4) 自動車車庫

Point

寄宿舎，共同住宅，自動車車庫は記載がある．事務所は記載されていない．

〔解答〕　出題1：1　　出題2：3

用語の定義，建築確認申請，他

例 題 建築物の階数，高さについての記述のうち，「建築基準法」上，誤っているものはどれか．

(1) 建築物の地階部分は，その部分の用途と面積にかかわらず建築物の階数に算入する．

(2) 建築物のエレベーター機械室，装飾塔その他これらに類する屋上部分は，その部分の面積の合計が所定の条件を満たせば，建築物の階数に算入しない．

(3) 建築物の階段室，エレベーター機械室その他これらに類する屋上部分は，その部分の面積の合計が所定の条件を満たせば，建築物の高さに算入しない場合がある．

(4) 屋根の棟飾りは，建築物の高さに算入しない．

解 説

(1)× 施行令第2条第八号に「昇降機塔，装飾塔，物見塔その他これらに類する建築物の屋上部分又は地階の倉庫，機械室その他これらに類する建築物の部分で，水平投影面積の合計がそれぞれ当該建築物の建築面積の1/8以下のものは，当該建築物の階数に算入しない．」と規定されている．

　地階部分は用途，面積によっては階数に算入しない，と読み取れる．

(2)○ (1)と同じ条文で，エレベーター機械室は昇降機塔と解すれば，装飾塔その他これらに類する屋上部分は条件（水平投影面積の合計がそれぞれ当該建築物の建築面積の1/8以下）を満たせば建築物の高さに算入しない．

(3)○ 施行令第2条第六号ロに「階段室，昇降機塔，装飾塔，物見塔，屋窓その他これらに類する建築物の屋上部分の水平投影面積の合計が当該建築物の建築面積の1/8以内の場合においては，その部分の高さは，12m（一部省略）までは，当該建築物の高さに算入しない．」と規定されている．

(4)○ 施行令第2条第六号ハに「棟飾，防火壁の屋上突出部その他これらに類する屋上突出物は，当該建築物の高さに算入しない．」と規定されている．

〔解答〕 1

出題 1

建築物の確認申請書の提出に関する記述のうち,「建築基準法」上, 誤っているものはどれか.

ただし, 次の用途に供する部分の床面積の合計は, 200 m² を超えるものとする.

(1) ホテルから旅館への用途変更は, 確認申請書を提出しなければならない.

(2) 病院の大規模の模様替えは, 確認申請書を提出しなければならない.

(3) 共同住宅の大規模の模様替えは, 確認申請書を提出しなければならない.

(4) 中学校の大規模の修繕は, 確認申請書を提出しなければならない.

Point

確認を要する建築物は, 劇場, 集会場, 病院, ホテル, 旅館, 共同住宅, 学校, 百貨店等. 面積は, 200 m² を超えるもの. 工事種別は, 建築, 大規模の修繕・模様替え, 用途変更である.

ホテルから旅館への用途変更は, 類似の用途間の変更であり, 確認申請を要しない.

出題 2

建築物に設ける中央管理方式の空気調和設備によって, 居室の空気が適合しなければならない基準として,「建築基準法」上, 誤っているものはどれか.

(1) 一酸化炭素の含有率は, おおむね 100 万分の 10 以下とする.

(2) 炭酸ガスの含有率は, おおむね 100 万分の 1 000 以下とする.

(3) 相対湿度は, おおむね 40 % 以上 70 % 以下とする.

(4) 気流は, おおむね 1 秒間につき 1.0 m 以上 2.0 m 以下とする.

Point

重要事項まとめを参照（令第 129 条の 2 の 5 第 3 項の規定）.

気流は, 1 秒間につき 0.5 m 以下と規定されている.

〔解答〕 出題 1：1 　 出題 2：4

配管

例題 建築設備に関する記述のうち,「建築基準法」上,誤っているものはどれか.

(1) 飲料水の配管設備とその他の配管設備とは,直接連結させてはならない.

(2) 合併処理浄化槽は,放流水に含まれる大腸菌群数が,3 000〔個/cm³〕以下とする性能を有するものでなければならない.

(3) 調理室で,火を使用する器具の近くに排気フードを有する排気筒を設ける場合,排気フードは,不燃材料で造らなければならない.

(4) 排水再利用配管設備は,塩素消毒その他これに類する措置を講ずれば,手洗器に連結させてもよい.

解説

(1)○ 令第129条の2の4第2項に規定がある.飲料水の配管設備とその他の配管設備とは,直接連結させてはならない.

法令の規定は上記のとおりであるが,飲料水の汚染の観点から,他の配管設備と直接連結してはならないということはすでに理解されていると思う.

(2)○ 令第32条に合併処理浄化槽について規定している.「放流水に含まれる大腸菌群数が,1 cm³につき3 000個以下とする性能を有するものであること.

(3)○ 令第20条の3第2項に「火を使用する設備又は器具の近くに排気フードを有する排気筒を設ける場合においては,排気フードは,不燃材料で造ること.」と規定している.

(4)× 建設省告示第1597号に排水再利用配管設備について次の規定がある.

イ) 他の配管設備と兼用してはならない.

ロ) 排水再利用水の配管設備であることを示す表示を見やすい方法で水栓及び配管にするか,又は他の配管設備と容易に判別できる色とする.

ハ) 洗面器,手洗器その他誤飲,誤用のおそれのある衛生器具に連結しない.

ニ) 水栓に排水再利用水であることを示す表示をすること.

ホ) 塩素消毒その他これに類する措置を講ずること.

〔解答〕 4

出題 1

建築設備に関する記述のうち，「建築基準法」上，誤っているものはどれか．

(1) 排水のための配管設備の末端は，公共下水道，都市下水筒水路その他の排水施設に排水上有効に連結しなければならない．

(2) 排水管を構造耐力上主要な部分を貫通して配管する場合，建築物の構造耐力上支障を生じないようにしなければならない．

(3) 給水管をコンクリートに埋設する場合，腐食するおそれのある部分には，その材質に応じ有効な腐食防止のための措置を講じなければならない．

(4) 雨水排水立て管は，通気管と兼用し，又は通気管に連結することができる．

Point

(1)，(2)，(3)はそれぞれ建築基準法施行令第129条の2の4第3項第三号，第1項第二号，第1項第一号に規定している．

(4)は建設省告示第1597号第2に「雨水排水立て管は，汚水排水管若しくは通気管と兼用し，又はこれらの管に**連結しないこと．**」と規定している．

出題 2

建築物に設ける排水・通気設備に関する記述のうち，「建築基準法」上，誤っているものはどれか．

(1) 排水のための配管設備の汚水に接する部分は，不浸透質の耐水材料で造らなければならない．

(2) 排水槽に設けるマンホールは，原則として，直径60cm以上の円が内接することができるものとする．

(3) 排水管は，給水ポンプ，空気調和機その他これらに類する機器の排水管に直接連結してはならない．

(4) 排水トラップの封水深は，阻集器を兼ねない場合，10cm以上15cm以下としなければならない．

Point

(4)は建設省告示第1597号に「排水トラップの封水深は，**5cm以上10cm以下**（阻集器を兼ねる排水トラップについては5cm以上）としなければならない．」と規定している．

〔解答〕　出題1：4　　出題2：4

建設業法

▶テーマの出題頻度　

建設業の許可	主任技術者 監理技術者 資格要件	用語	標識の掲示 下請負人の意見聴取 見積もり

テーマ別 問題を解くためのカギ

ここを覚えれば
問題が解ける！

用語の定義

用語	定義
建設業	元請，下請その他いかなる名義をもってするかを問わず，建設工事の完成を請け負う営業をいう．
建設業者	法第 3 条第 1 項の許可を受けて建設業を営む者をいう．
発注者	建設工事（他の者から請け負ったものを除く．）の注文者をいう．
元請負人	下請契約における注文者で建設業者であるものをいう．
下請負人	下請契約における請負人をいう．

建設業の許可

建設業の許可には大臣許可と知事許可がある．

許可の区分	内容
都道府県知事許可	一つの都道府県の区域内にしか営業所を設置していない業者
国土交通大臣許可	2 以上の都道府県の区域内に営業所を設置している業者

※　工事 1 件の請負代金の額が 500 万円に満たない工事（建築一式工事の場合は，1 500 万円に満たない工事または延べ面積が 150 m² に満たない木造住宅工事）だけを請け負っている建設業を営む者は，許可が不要である．

建設業許可の種類は，一般建設業と特定建設業がある．建設業の許可は 5 年ごとに更新を受けなければならない．

許可の種類	施工形態
一般建設業	特定建設業以外のもの
特定建設業	元請となった場合，下請代金の金額が 4 000 万円（建築一式工事の場合は 6 000 万円）以上となる下請契約を締結して施工しようとするもの

主任技術者および監理技術者の設置

建設業者は，元請，下請にかかわらず請け負った建設工事を施工するときは，主任技術者を置かなければならない．

また，特定建設業者は，その工事の下請契約の請負代金の総額が 4 000 万円（建築工事業は 6 000 万円）となる場合は，主任技術者に代えて，監理技術者を置かなければならない．

主任技術者の資格要件

営業所ごとの選任の技術者と主任技術者，監理技術者の資格要件は同一である．次表に主任技術者の資格要件を示す．

学歴と実務経験	高校・中等教育学校指定学科卒業後 5 年以上の実務経験 大学・高専指定学科卒業後 3 年以上の実務経験
実務経験	実務経験 10 年以上
資格取得者	1・2 級施工管理技士 技術士 1・2 級技能士（2 級は合格後 3 年以上の実務経験が必要）

見積もり，下請負人の意見聴取

建設業者は，建設工事の注文者から請求があった場合は，請負契約が成立するまでの間に，建設工事の見積書を交付しなければならない．

元請人は，その請け負った建設工事を施工するために必要な工程の細目，作業方法その他元請負人において定めるべき事項を定めようとするときは，あらかじめ，下請負人の意見を聞かなければならない．

標識の掲示

掲示する項目は，一般建設業または特定建設業の別，許可年月日，許可番号および許可を受けた建設業，商号または名称，代表者の氏名，主任技術者または監理技術者の氏名

例題 「建設業法」の用語に関する記述のうち，誤っているものはどれか．

(1) 「発注者」とは，建設工事の注文者のうち，他の者から請け負った建設工事の注文者を除いたものをいう．

(2) 「元請負人」とは，下請契約における注文者をいい，建設業者であるものに限らない．

(3) 「建設業」とは，建設工事の完成を請け負う営業をいい，元請，下請その他いかなる名義をもってするかは問わない．

(4) 管工事は，「建設工事」に含まれる．

解説

建設業法第2条からの出題である．

第2条 この法律において「建設工事」とは，土木建築に関する工事で別表第1の上欄に掲げるものをいう．

2 この法律において「建設業」とは，元請，下請その他いかなる名義をもってするかを問わず，建設工事の完成を請け負う営業をいう．

3 この法律において「建設業者」とは，第3条第1項の許可を受けて建設業を営む者をいう．

4 この法律において「下請契約」とは，建設工事を他の者から請け負った建設業を営む者と他の建設業を営む者との間で当該建設工事の全部又は一部について締結される請負契約をいう．

5 この法律において「発注者」とは，建設工事（他の者から請け負ったものを除く．）の注文者をいい，「元請負人」とは，下請契約における注文者で建設業者であるものをいい，「下請負人」とは，下請契約における請負人をいう．

(1)○ 第5項からの出題である．

(2)× 第5項からの出題である．

(3)○ 第2項からの出題である．

(4)○ 第1項に土木建築に関する工事で別表第1上欄に挙げるものとある．別表第1には29の種類があり，管工事も含まれている．

出題 1 建設業に関する用語の記述のうち,「建設業法」上,誤っているものはどれか.

(1) 建設業者とは,建設業の許可を受けて建設業を営む者をいう.

(2) 下請契約とは,建設工事を他の者から請け負った建設業を営む者と他の建設業を営む者との間で当該建設工事について締結される請負契約をいう.

(3) 発注者とは,下請契約における注文者で,建設業者である者をいう.

(4) 主任技術者とは,建設業者が施工する建設工事に関し,建設業法で規定する要件に該当する者で,当該工事現場における建設工事の施工の技術上の管理をつかさどるものをいう.

Point

(3)の記述は「元請負人」の定義である.

(4) 法第 26 条に主任技術者について記載がある.ほぼ,問題文のとおりである.

出題 2 建設業に関する記述のうち,「建設業法」上,誤っているものはどれか.

(1) 「建設業」とは,建設工事の完成を請け負う営業をいい,下請契約によるものを含まない.

(2) 「下請契約」とは,建設工事を他の者から請け負った建設業を営む者と他の建設業を営む者との間で当該建設工事の全部又は一部について締結される請負契約をいう.

(3) 「発注者」とは,建設工事の注文者のうち,他の者から請け負った建設工事の注文者を除いた者をいう.

(4) 「元請負人」とは,下請契約における注文者で建設業者である者をいい,「下請負人」とは,下請契約における請負人をいう.

Point

(1) 「建設業」とは,元請,下請その他いかなる名義をもってするかを問わず,建設工事の完成を請け負う営業をいう.

〔解答〕 出題 1：3 　 出題 2：1

建設業許可

例 題

建設業を営もうとする者のうち，「建設業法」上，必要となる建設業の許可が国土交通大臣の許可に限られるものはどれか．

ただし，政令で定める軽微な建設工事のみを請け負う者を除く．

⑴ 2以上の都道府県の区域内に営業所を設けて営業しようとする者

⑵ 2以上の都道府県の区域にまたがる建設工事を施工しようとする者

⑶ 請負代金の額が3 500万円以上の建設工事を施工しようとする者

⑷ 4 000万円以上の下請契約を締結して建設工事を施工しようとする者

解 説

建設業の許可については法第3条に規定している．

法第3条　建設業を営もうとする者は，次に掲げる区分により，この章で定めるところにより，2以上の都道府県の区域内に営業所（本店又は支店若しくは政令で定めるこれに準ずるものをいう．以下同じ．）を設けて営業をしようとする場合にあっては国土交通大臣の，1の都道府県の区域内にのみ営業所を設けて営業をしようとする場合にあっては当該営業所の所在地を管轄する都道府県知事の許可を受けなければならない．ただし，政令で定める軽微な建設工事のみを請け負うことを営業とする者は，この限りでない．

⑴○　法第3条の規定のとおり，2以上の都道府県の区域内に営業所を設けて営業しようとする場合は国土交通大臣の許可を受けなければならない．

⑵×　2以上の都道府県にまたがる建設工事であっても，営業所が一つの都道府県にあれば都道府県知事の許可を受けなければならない．

⑶×　これは，専任の主任技術者または監理技術者を置かなければならない要件である．

⑷×　これは，建設業の種類で，特定建設業となる要件である．

〔解答〕　1

出題1　管工事業に関する記述のうち，「建設業法」上，誤っているものはどれか．

(1) 管工事業の許可を受けた者は，管工事に附帯する電気工事も合わせて請け負うことができる．

(2) 管工事業の許可は，5年ごとに更新を受けなければ，その効力を失う．

(3) 管工事を下請負人としてのみ工事を施工する者は，請負代金の額にかかわらず管工事業の許可を受けなくてよい．

(4) 管工事業の許可を受けた者は，工事1件の請負代金の額が500万円未満の工事を施工する場合であっても，主任技術者を置かなければならない．

Point

(1) 当該建設工事に附帯する他の建設業に係る建設工事を請け負うことができる．

(2) 建設工事業の許可は，5年ごとに更新を受けなければならない．

(3) 建設業者は，元請，下請にかかわらず，また，請負代金の大小にかかわらず，建設業の許可を受けなければならない．

(4) 建設業の許可を受けた者は，軽微な建設工事であっても，主任技術者を置かなければならない．

出題2　建設業の許可に関する記述のうち，「建設業法」上，正しいものはどれか．ただし，軽微な建設工事のみを請け負うことを営業とする者は除く．

(1)「国土交通大臣の許可」は，「都道府県知事の許可」よりも，受注可能な請負金額が大きい．

(2) 2以上の都道府県の区域内に営業所を設ける場合は，営業所を設けるそれぞれの「都道府県知事の許可」が必要である．

(3)「国土交通大臣の許可」は，「都道府県知事の許可」よりも，下請契約できる代金額の総額が大きい．

(4)「国土交通大臣の許可」と「都道府県知事の許可」では，どちらも工事可能な区域に制限はない．

Point

　「国土交通大臣の許可」と「都道府県知事の許可」の違いは，営業所が2の都道府県の区域にあるかどうかである．受注可能な金額その他差異はない．

〔解答〕　出題1:3　　出題2:4

主任技術者

例題

建設業の許可を受けた建設業者が，現場に置く主任技術者等に関する記述のうち，「建設業法」上，誤っているものはどれか．

(1) 発注者から直接請け負った建設工事を，下請契約を行わずに自ら施工する場合は，主任技術者が当該工事の施工の技術上の管理をつかさどることができる．

(2) 一定金額以上で請け負った共同住宅の建設工事に置く主任技術者は，工事現場ごとに，専任の者でなければならない．

(3) 発注者から直接請け負った建設工事を施工するために他の建設業者と下請契約を締結する場合は，下請契約の請負代金の額にかかわらず監理技術者を置かなければならない．

(4) 主任技術者は，当該建設工事の施工計画の作成，工程管理，品質管理その他の技術上の管理及び当該建設工事の施工に従事する者の技術上の指導監督の職務を誠実に行わなければならない．

解説

(1)○ 発注者から直接請け負った建設工事を，下請契約を行わずに自ら施工する場合は，請負金額の大小に関係なく，主任技術者を配置し，施工の技術上の管理を行わせなければならない．

(2)○ 法第26条に，「多数の者が利用する施設について，主任技術者は専任の者でなければならない．」とある．令第27条で，工事1件の請負代金の額が3 500万円以上で，個人住宅や長屋を除いたほとんどの工事が対象になっている．

(3)× 発注者から直接建設工事を請け負った特定建設業者は，下請契約の請負代金の総額が4 000万円以上となる場合は，主任技術者に代えて監理技術者を置かなければならない．

(4)○ 法第26条の4第1項に問題文と同一の事項が規定されている．

〔解答〕 3

出題 1 　管工事業の許可を受けた建設業者が現場に置く主任技術者に関する記述のうち,「建設業法」上, 誤っているものはどれか.

(1)　主任技術者は, 請負契約の履行を確保するため, 請負人に代わって工事の施工に関する一切の事項を処理しなければならない.

(2)　請負代金の額が3 500万円未満の管工事においては, 主任技術者は, 当該工事現場に専任の者でなくてもよい.

(3)　2 級管工事施工管理技術検定に合格した者は, 管工事の主任技術者になることができる.

(4)　発注者から直接請け負った工事を下請契約を行わずに自ら施工する場合, 当該工事現場における建設工事の施工の技術上の管理をつかさどる者として建設業者が置くのは, 主任技術者でよい.

Point

(1)　主任技術者は建設工事の技術上の管理をつかさどるもので, **一切の事項を処理**するものではない.

(3)　主任技術者の資格要件のなかに, 1 級または2 級管工事施工管理者試験に合格した者とある.

出題 2 　建設業者が請け負った管工事の, 当該工事現場に置かなければならない主任技術者の要件に,「建設業法」上, 該当しないものはどれか.

(1)　管工事施工管理を検定種目とする2 級の技術検定に合格した者

(2)　一級建築士免許の交付を受けた者

(3)　管工事に関し, 大学の建築学に関する学科を卒業した後3 年以上実務経験を有する者

(4)　管工事に関し, 10 年以上実務の経験を有する者

Point

　主任技術者の要件は, 学歴＋実務経験, 実務経験, 免許資格によるものがある. 学歴＋実務経験は, 高等学校・中等教育学校は5 年, 大学・高専は3 年. 実務経験は10 年. 免許資格は, 管工事, 技術士その他, である. このなかに, 一級建築士は含まれていない.

〔解答〕　出題1：1　　出題2：2

請負契約，標識の記載事項

出題傾向： 毎年，おおむね２問の出題がある．建設業許可，主任技術者，用語等から繰り返し出題されている．

例 題 建設工事における請負契約に関する記述のうち，「建設業法」上，誤っているものはどれか．

(1) 建設工事の受注者は，工事１件の予定価格が 500 万円に満たない場合，当該契約の締結又は入札までに，建設業者が当該建設工事の見積りに必要な期間を１日以上設けなければならない．

(2) 建設工事の請負契約の当事者は，契約の締結に際して，工事内容，請負代金の額，工事着手の時期及び工事完成の時期等を書面に記載し，相互に交付しなければならない．

(3) 元請負人は，下請負人からその請け負った建設工事が完成した旨の通知を受けたときは，当該通知を受けた日から 10 日以内に，その完成を確認するための検査を完了しなければならない．

(4) 元請負人は，請負代金の工事完成後の支払いを受けたときは，下請負人に対して，当該下請負人が施工した部分に相応する下請代金を，当該支払を受けた日から１月以内に支払わなければならない．

解 説

(1)○ 令第６条からの出題で，見積期間は，「工事１件の予定価格が 500 万円に満たない工事については，１日以上」と規定している．

(2)○ 法第 19 条からの出題で，「建設工事の請負契約の当事者は，契約の締結に際して次に掲げる事項を書面に記載し，署名又は記名押印して相互に交付しなければならない．１ 工事内容，２ 請負代金の額，３ 工事着手の時期及び工事完成の時期」と規定している．

(3)× 法第 24 条の４からの出題で，「元請負人は，下請負人からその請け負った建設工事が完成した旨の通知を受けたときは，当該通知を受けた日から 20 日以内で，かつ，できる限り短い期間内に，その完成を確認するための検査を完了しなければならない．」と規定している．

(4)○ 法第 24 条の３からの出題で，「元請負人は，工事完成後における支払を受けたときは，下請負人に対して，当該下請負人が施工した出来形部分に相応する

下請代金を，当該支払を受けた日から1月以内で，かつ，できる限り短い期間内に支払わなければならない.」と規定している.

〔解答〕 3

出題1 建設業に関する記述のうち，「建設業法」上，誤っているものはどれか.

(1) 元請負人は，その請け負った建設工事を施工するために必要な工程の細目，作業方法を定めようとするときは，あらかじめ，下請負人の意見をきかなければならない.

(2) 建設業者は，建設工事の注文者から請求があったときは，請負契約の成立後，速やかに建設工事の見積書を交付しなければならない.

(3) 工事現場における建設工事の施工に従事する者は，主任技術者又は監理技術者がその職務として行う指導に従わなければならない.

(4) 建設業者は，共同住宅を新築する建設工事を請け負った場合，いかなる方法をもってするかを問わず，一括して他人に請け負わせてはならない.

Point

(1) 法第24条の2で規定している.

(2) 法第20条第2項に「請負契約が成立するまでの間に，建設工事の見積書を交付しなければならない.」と規定している.

(3)は法第22条の4第2項で，(4)は同第1項で規定している.

出題2 建設業の許可を受けた建設業者が，発注者から直接請け負った建設工事の現場に掲げる標識の記載事項として，「建設業法」上，定められていないものはどれか.

(1) 商号又は名称

(2) 現場代理人の氏名

(3) 主任技術者又は監理技術者の氏名

(4) 一般建設業又は特定建設業の別

Point

法第40条に規定があり，標識の記載事項は，一般建設業又は特定建設業の別，許可年月日，許可番号及び許可を受けた建設業，商号又は名称，代表者の氏名，主任技術者又は監理技術者の氏名となっている. 現場代理人の氏名はない.

〔解答〕 出題1：2 　　出題2：2

消防法

▶テーマの出題頻度　High　Low

屋内消火栓の
設置基準

指定数量

危険物

テーマ別 問題を解くためのカギ 🔑⚡ ここを覚えれば 問題が解ける！

　消防法に関連する問題は，Chapter3-4 消火設備の章と重複する部分が多い．この法規の章で，過去に出題された項目は，屋内消火栓の設置基準，ホースの接続口までの距離，危険物の指定数量等である．

危険物

　危険物は，化学的・物理的特性によって第 1 類から第 6 類に分類されている．

類　別	性質の概要
第 1 類	単体では燃焼しない．他の物質を強く酸化させる．可燃物等と混合すると発火，爆発する危険性がある．
第 2 類	火炎によって着火・引火しやすい．比較消防的低温（40 ℃未満）で引火しやすい固体の物質．いったん燃えると消火することが非常に困難．
第 3 類	空気にさらされることで自然発火しやすい．水に触れると発火や可燃性ガスの発生をおこす．
第 4 類	引火しやすい液体．
第 5 類	燃焼に必要な三つの要素のうち，可燃物と酸素供給体の二つを含んでおり，加熱分解等で比較的低い温度で多量の発熱をおこし，爆発的に反応が進む．
第 6 類	単独で燃焼することはない液体で，反応する相手を酸化させるという性質がある．酸化させられた物質によって火災がおこる危険性がある．

第 4 類の危険物に該当する例

分類	性質	危険物の例	指定数量
第一石油類	非水溶性	ガソリン	200 L
アルコール類	―	メチルアルコール エチルアルコール	400 L
第二石油類	非水溶性	灯油，軽油	1 000 L
第三石油類	非水溶性	重油	2 000 L
第四石油類	―	ギヤー油	6 000 L

指定数量

　指定数量とは，「危険物についてその危険性を勘案して政令で定める数量」と定義している．同一の場所で一つの危険物を貯蔵し取扱う場合，貯蔵や取扱う危険物の数量をその危険物の指定数量で除した値が，「指定数量の倍数」と呼ばれるものである．いいかえると，貯蔵または取扱う危険物の量が「指定数量の何倍であるか」を表す数のことである．計算した倍数が 1 以上であれば，「指定数量以上の危険物がある」ことになり，消防法の適用（消化設備の設置，種類・数量の届け出，管理者の選任，定期点検の実施等）を受ける．同一の場所で品名の異なる複数の危険物（A, B, C）を貯蔵する場合の倍数は次式による．
　（A の数量/A の指定数量）＋（B の数量/B の指定数量）＋（C の数量/C の指定数量）

屋内消火栓設備

屋内消火栓設備を設置する防火対象物

防火対象物	一般 （延べ床面積 m^2）以上	地階・無窓階または 4 階以上の階（床面積 m^2）以上
劇場，映画館，集会場など	500（1 000）[1 500]	100（200）[300]
百貨店，ホテル，共同住宅等	700（1 400）[2 100]	150（300）[450]
前各号に該当しない事業場	1 000（2 000）[3 000]	200（400）[600]

（　）内数字は準耐火構造で内装，[　]内数字は耐火構造で内装

消防法

例 題

屋内消火栓設備を設置しなければならない防火対象物に，「消防法」上，該当するものはどれか.

ただし，主要構造物は耐火構造とし，かつ，壁及び天井の室内に面する部分の仕上げは難燃材料でした防火対象物とする．また，地階，無窓階及び指定可燃物の貯蔵，取扱いはないものとする．

(1) 事務所 ——— 地上3階，延べ面積2 000 m²
(2) 共同住宅 —— 地上3階，延べ面積2 000 m²
(3) 集会場 ——— 地上2階，延べ面積2 000 m²
(4) 学校 ———— 地上2階，延べ面積2 000 m²

解 説

条件は，主要構造物は耐火構造，内装も耐火構造．地階，無窓階はない．指定可燃物の貯蔵，取扱いはない.

階数の区分は，一般（延べ面積），地階・無窓階または4階以上の階となっている．つまり，2階，3階は同じ区分になる.

以上のことから屋内消火栓設備を設置しなければならないのは

(1) 事務所で，地上3階の場合3 000 m²以上
(2) 共同住宅で，地上3階の場合2 100 m²以上
(3) 集会場で，地上2階の場合1 500 m²以上
(4) 学校で，地上2階の場合2 100 m²以上

したがって，(3)が屋内消火栓設備を設置しなければならないものに該当する．

〔解答〕 3

出題1 同一の場所で複数の危険物を取り扱う場合において，指定数量未満となる組合せとして，「消防法」上，誤っているものはどれか．

(1) 灯油 100 L，重油 200 L
(2) ガソリン 100 L，灯油 200 L
(3) 軽油 500 L，重油 1 000 L
(4) 灯油 200 L，軽油 500 L

Point

それぞれの指定数量は，ガソリン 200 L，灯油 1 000 L，軽油 1 000 L，重油 2 000 L である．指定数量の倍数の計算式は（A/A の指定数量）＋（B/B の指定数量）である．

(1) $(100/1000) + (200/2\,000) = 0.2$
(2) $(100/200) + (200/1\,000) = 0.7$
(3) $(500／1\,000) + (1\,000／2\,000) = 1.0$
(4) $(200/1\,000) + (500/1\,000) = 0.7$

出題2 次の消防用設備のうち，「消防法」上，非常電源を附置する必要のないものはどれか．

(1) 屋内消火栓設備
(2) 連結散水設備
(3) 不活性ガス消火設備
(4) スプリンクラー設備

Point

屋内消火栓設備，不活性ガス消火設備，スプリンクラー消火設備はそれぞれ令第 11 条，令第 16 条，令第 12 条に非常用電源の附置が規定されている．連結散水設備には非常用電源の附置は規定されていない．

連結散水設備は，散水ヘッド，配管・弁類および送水口等から構成されており，火災の際には消防ポンプ自動車から送水口を通じて送水し，散水ヘッドから放水することによって消火活動を支援できるようにした設備である．

（解答） 出題1：3 出題2：2

Chapter 6-6 ▶ 法規

その他関係法令

── 分野 DATA ──
・出題数 ················· 4
・回答数 ················· 2
・出題区分 ·········· 選択問題

▶テーマの出題頻度　　High　　Low

廃棄物処理の
処理及び清掃
に関する法律

建設工事に係る
資材の再資源化
に関する法律

騒音規制法
浄化槽法
フロン類の使用の合理化及び監理
の適正化に関する法律

テーマ別 問題を解くためのカギ

ここを覚えれば
問題が解ける！

建設工事に係る資材の再資源化に関する法律

　特定建設資材は再資源化が資源の有効な利用および廃棄物の減量を図るうえで特に重要なもので，コンクリート，コンクリートおよび鉄から成る建設資材，木材，アスファルト・コンクリートである．

　分別解体等の義務付け対象工事は，建築物の解体は 80 m²，建築物の新築は 500 m²，建築物の修繕・模様替は 1 億円，その他の工作物は 500 万円である．対象建設工事の工事着手の 7 日前までに，都道府県知事に届け出なければならない．

建築物のエネルギー消費性能の向上に関する法律

　エネルギー消費性能とは，建築物の一定の条件での使用に際し消費されるエネルギーの量を基礎として評価される性能とされている．ここでいうエネルギーは，建築物に設ける空気調和設備，空気調和設備以外の機械換気設備，照明設備，給湯設備，昇降機に置いて消費されるエネルギーを指す．

浄化槽法

① 浄化槽を製造する者は，浄化槽の型式について国土交通大臣の認定を受けなければならない．
② 浄化槽からの放流水の生物化学的酸素要求量が 1 L につき 20 mg 以下であること．
③ 浄化槽の使用開始後 3 月経過した日から 5 月間の期間内に，都道府県知事が指定する者の行う水質検査を受けなければならない．
④ 浄化槽工事業を開始したときは，その旨を遅滞なく都道府県知事に届け出る．
⑤ 浄化槽工事を行う際には，浄化槽設備士が自ら浄化槽工事を行う場合を除き，

浄化槽設備士に実地に監督させなければならない.

フロン類の使用の合理化及び監理の適正化に関する法律

第一種特定製品は，次に掲げる機器のうち，業務用の機器であって，冷媒としてフロン類が充填されているものをいう．カーエアコン，家庭用ルームエアコンは含まない.
① エアーコンディショナー
② 冷蔵機器および冷凍機器（冷蔵または冷凍の機能を有する自動販売機を含む）

騒音規制法

特定建設作業とは，令別表第2の8種類の著しい騒音を発生する作業で，2日以上にわたるもの．8種類は，くい打機，びょう打機，空気圧縮機，コンクリートプラント，バックホウ，トラクターショベル，ブルドーザーである.

特定建設作業に伴って発生する騒音の規制に関する基準

① 特定建設作業の場所の敷地の境界線において，85デシベルを超える大きさのものでないこと.
② 連続して6日間を超えて行われる特定建設作業に伴って発生するものでないこと.
③ 日曜日その他の休日に行われる特定建設作業に伴って発生するものでないこと.
④ 災害その他非常事態発生により特定建設作業を緊急に行う場合，作業時間，作業期間，作業禁止日の規制が除外される.

廃棄物の処理及び清掃に関する法律

「一般廃棄物」とは，産業廃棄物以外の廃棄物をいう.
「特別管理一般廃棄物」は，次に掲げるものに含まれるポリ塩化ビフェニルを使用する部品．イ 廃エアーコンディショナー，ロ 廃テレビジョン受信機，ハ 廃電子レンジ
産業廃棄物は，紙くず，木くず，繊維くず，ゴムくず，ガラスくず，コンクリートくず，陶器くず，工作物の新築改築または除去に伴って生じたコンクリートの破片.

産業廃棄物の運搬，処分の委託

産業廃棄物管理票は産業廃棄物の運搬先が2以上である場合にあっては，運搬先ごとに交付すること.

再資源化

出題傾向： その他の法規についておおむね2問出題されている.「再資源化等に関する法律」については比較的出題されている分野である.

例題 次の建築物に係る建設工事のうち,「建設工事に係る資材の再資源化等に関する法律」上,特定建設資材廃棄物をその種類ごとに分別しつつ施工しなければならない工事に該当するものはどれか.

ただし,都道府県条例で,適用すべき建設工事の規模に関する基準を定めた区域における建設工事を除く.

⑴ 解体工事で当該解体工事に係る床面積の合計が 50 m² であるもの

⑵ 新築工事で床面積の合計が 300 m² であるもの

⑶ 建築設備の改修工事で請負代金の額が 3000 万円であるもの

⑷ 模様替工事で請負代金の額が 1 億円であるもの

解説

法第9条に,「特定建設資材を用いた建築物等に係る解体工事又はその施工に特定建設資材を使用する新築工事等であって,その規模が第3項又は第4項の建設工事の規模に関する基準以上のものの受注者又はこれを請負契約によらないで自ら施工する者は,正当な理由がある場合を除き,分別解体等をしなければならない.」と規定している.ここで,その規模が第3項又は第4項…とあるが,具体的には令第2条に次の規定がある.

解体工事については,床面積の合計が 80 m²

新築又は増築工事については,床面積の合計が 500 m²

建築物の修繕・模様替えについては,1 億円

その他の工作物については,500 万円

上記に該当するのは⑷である.

〔解答〕 4

出題 1 次の建設資材のうち，「建設工事に係る資材の再資源化等に関する法律」上，再資源化が特に必要とされる特定建設資材に該当しないものはどれか.

(1) 木材

(2) アスファルト・コンクリート

(3) コンクリート

(4) アルミニウム

Point

令第 1 条に，「コンクリート，コンクリート及び鉄から成る建設資材，木材，アスファルト・コンクリート」と規定している．アルミニウムは規定していない.

出題 2 解体工事の届け出に関する文中，（　　）内に当てはまる数値及び語句の組合せとして，「建設工事に係る資材の再資源化等に関する法律」上，正しいものはどれか.

特定建設資材を用いた建築物等に係る解体工事であって，その規模が政令等で定める基準以上のものの発注者又は自主施工者は，工事に着手する日の（ A ）日前までに，主務省令で定めるところにより，解体する建築物の構造，工事着手の時期及び工程の概要等の事項を（ B ）に届け出なければならない.

　　　　(A)　　　　　　(B)

(1) 　7 — 都道府県知事

(2) 　7 — 国土交通大臣

(3) 　14 — 都道府県知事

(4) 　14 — 国土交通大臣

Point

法第 10 条に「工事着工の 7 日前までに，都道府県知事に届け出なければならない.」と規定している

〔解答〕　出題 1：4　　出題 2：1

エネルギー，浄化槽，フロンに関する法律

出題傾向： それぞれ個別では出題数は少ないが，これらを合わせて，1問程度出題されている.

例題

浄化槽に関する記述のうち，「浄化槽法」上，誤っているものはどれか.

(1) 浄化槽からの放流水の水質は，生物化学的酸素要求量を1Lにつき20 mg以下としなければならない.

(2) 浄化槽を新たに設置する場合，使用開始後一定期間内に，指定検査機関が行う水質検査を受けなければならない.

(3) 浄化槽を工場で製造する者は，型式について都道府県知事の認定を受けなければならない.

(4) 浄化槽工事業を営もうとする者は，当該業を行おうとする区域を管轄する都道府県知事の登録を受けなければならない.

解説

(1)○　環境省関係浄化槽法施行規則第1条の2に，「浄化槽からの放流水の生物化学的酸素要求量が1Lにつき20 mg以下であること」と規定している

(2)○　設置後の水質検査は法第7条に規定されている. 環境省関係浄化槽法施行規則第4条に規定する「使用開始後3か月を経過した日から5月間」の期間内に，法第7条に規定する「都道府県知事が指定する者の行う水質に関する検査を受けなければならない」としている.

(3)×　法第13条に「浄化槽を工場において製造しようとする者は，製造しようとする浄化槽の型式について，国土交通大臣の認定を受けなければならない」と規定している.

(4)○　法第21条に「浄化槽工事業を営もうとする者は，当該業を行おうとする区域を管轄する都道府県知事の登録を受けなければならない」と規定している. なお，法第33条によるが，建設業法に基づく土木工事業，建設工事業または管工事業の許可を受けている建設業者は，浄化槽工事業を開始したときに，都道府県知事に届け出る必要があるが，浄化槽工事業の登録を受ける必要はない.

〔解答〕　3

出題 1 次の建築設備のうち，「建築物のエネルギー消費性能の向上に関する法律」上，エネルギー消費性能評価の対象として規定されていないものはどれか．

(1) 空気調和設備

(2) 給水設備

(3) 給湯設備

(4) 照明設備

Point

エネルギー消費性能評価の対象となるのは，空気調和設備，空気調和設備以外の換気設備，照明設備，給湯設備，昇降機である．

給水設備は規定されていない．

出題 2 冷媒としてフロン類が充填されている以下の機器のうち，「フロン類の使用の合理化及び管理の適正化に関する法律」の対象でないものはどれか．

(1) 業務用のエアコンディショナー

(2) 家庭用のエアコンディショナー

(3) 業務用の冷蔵庫

(4) 冷蔵の機能を有する自動販売機

Point

一種特定製品は，次に掲げる機器のうち，業務用の機器であって，冷媒としてフロン類が充填されているものをいう．

① エアコンディショナー

② 冷蔵機器および冷凍機器（冷蔵または冷凍の機能を有する自動販売機を含む）

家庭用ルームエアコンは第一種特定製品に含まれない．

〔解答〕 出題 1：2　　出題 2：2

騒音規制法

例 題 騒音の規制に関する記述のうち，「騒音規制法」上，誤っているものはどれか．

(1) 特定建設作業とは，建設工事として行われる作業のうち，著しい騒音を発生する所定の作業をいう．

(2) 特定施設とは，工場又は事業場に設置される施設のうち，著しい騒音を発生する所定の施設をいう．

(3) 指定地域内において特定建設作業を伴う建設工事を施工しようとする者は，当該作業の開始日の5日前までに，市町村長に所定の事項を届け出なければならない．

(4) 規制基準とは，特定工場等において発生する騒音の特定工場等の敷地の境界線における大きさの許容限度をいう．

解 説

(1),(2),(4)は法第2条からの出題，(3)は法第14条からの出題である．

(1)○ 「特定建設作業とは，建設工事として行なわれる作業のうち，著しい騒音を発生する作業であって政令で定めるものをいう．」と規定している．さらに，政令で定めるものは令第2条に定めている．

(2)○ 「特定施設とは，工場又は事業場に設置される施設のうち，著しい騒音を発生する施設であって政令で定めるものをいう」と規定している．さらに，政令で定めるものは令第1条に定めている．

(3)× 「指定地域内において特定建設作業を伴う建設工事を施工しようとする者は，当該特定建設作業の開始日の7日前までに，環境省令で定めるところにより，次の事項を市町村長に届け出なければならない．」と規定している．

(4)○ 「規制基準とは，特定工場等において発生する騒音の特定工場等の敷地の境界線における大きさの許容限度をいう．」と規定している．

〔解答〕 3

出題 1 特定建設作業における騒音の規制に関する文中，（　　）内に当てはまる語句として，「騒音規制法」上，正しいものはどれか．

特定建設作業の騒音は，（　　），85 デシベルを超えてはならない．
(1) 特定建設作業の場所の敷地から一番近い建物内において
(2) 特定建設作業の場所の敷地から一番近い居住者のいる建物内において
(3) 特定建設作業の場所の敷地の境界線において
(4) 特定建設作業の作業機械から発生する騒音値が

Point

特定建設作業に伴って発生する騒音の規制に関する基準で「特定建設作業の騒音が，特定建設作業の場所の敷地の境界線において，85 デシベルを超える大きさのものでないこと．」と規定している．

出題 2 指定地域内において行われる特定建設作業に伴って発生する騒音について，災害その他非常の事態の発生により当該特定建設作業を緊急に行う必要がある場合においても，「騒音規制法」上の規制が適用されるものはどれか．
(1) 深夜に行われる作業に伴って発生する騒音
(2) 作業の場所の敷地の境界線において，85 デシベルを超える大きさの騒音
(3) 日曜日に行われる作業に伴って発生する騒音
(4) 1 日 14 時間を超えて行われる作業に伴って発生する騒音

Point

災害その他非常事態発生により特定建設作業を緊急に行う場合，および人命または身体の危険防止のため特に特定建設作業を行う必要がある場合は，作業時間，作業期間，作業禁止日の規制が除外される．

(2)の騒音の大きさは除外項目にない．

〔解答〕 出題 1：3　出題 2：2

廃棄物の処理及び清掃に関する法律

例 題 廃棄物の処理及び清掃に関する記述のうち，「廃棄物の処理及び清掃に関する法律」上，誤っているものはどれか．

(1) 建設工事の現場事務所から排出される生ゴミ，新聞，雑誌等は，産業廃棄物として処理しなければならない．

(2) 一般廃棄物の処理は市町村が行い，産業廃棄物の処理は事業者自ら行わなければならない．

(3) 事業者は，処分受託者から，最終処分が終了した旨を記載した産業廃棄物管理票の写しの送付を受けたときは，当該管理票の写しを，送付を受けた日から5年間保存しなければならない．

(4) 建築物の改築に伴い廃棄する蛍光灯の安定器にポリ塩化ビフェニルが含まれている場合，特別管理産業廃棄物として処理しなければならない．

解 説

(1)× 法第2条第4項に「産業廃棄物とは，次に掲げる廃棄物をいう．事業活動に伴って生じた廃棄物のうち，燃え殻，汚泥，廃油，廃酸，廃アルカリ，廃プラスチック類でその他政令で定める廃棄物」と定めている．"その他政令"は令第2条で紙くず，木くず等が定められている．事務所から排出される生ごみ，新聞，雑誌等は一般廃棄物である．

(2)○ 「一般廃棄物の処理は市町村が行う」ことを法第6条の2に規定している．「産業廃棄物を自ら処理しなければならない」ことを法第11条に規定している．

(3)○ 「管理票の写しの送付を受けたときは，当該運搬又は処分が終了したことを当該管理票の写しにより確認し，かつ，当該管理票の写しを当該送付を受けた日から環境省令で定める期間保存しなければならない．」ことを法第12条の3第6項に規定している．"環境省令で定める期間"は5年である．

(4)○ ポリ塩化ビフェニルが含まれる蛍光灯の安定器は，令第2条の4第五号ロ(6)の「金属くずのうち，ポリ塩化ビフェニルが付着し，又は封入されたもの」に該当する．

〔解答〕 1

出題 1　廃棄物の処理に関する記述のうち，「廃棄物の処理及び清掃に関する法律」上，誤っているものはどれか．

(1)　紙くず（建設業に係るもの（工作物の新築，改築又は除去に伴って生じたものに限る．））は，産業廃棄物である．

(2)　建設発生土（建設工事に伴い副次的に得られた土砂（浚渫土を含む．）をいう．）は，産業廃棄物である．

(3)　廃電子レンジ（国内における日常生活に伴って生じたものに限る．）に含まれるポリ塩化ビフェニルを使用する部品は，特別管理一般廃棄物である．

(4)　建設物等に用いられる材料であって石綿を含むもののうち石綿建材除去事業により除去された石綿保温材は，特別管理産業廃棄物である．

Point

建設工事に伴い副次的に得られた土砂は，この法律において廃棄物に該当しない．

出題 2　産業廃棄物の処理に関する記述のうち，「廃棄物の処理及び清掃に関する法律」上，誤っているものはどれか．

(1)　事業者は，産業廃棄物管理票（マニフェスト）を，産業廃棄物の種類にかかわらず，一括して交付することができる．

(2)　産業廃棄物委託業者が収集運搬と処分の両方の業の許可を有する場合，産業廃棄物の運搬及び処分は，その業者に一括して委託することができる．

(3)　事業者は，産業廃棄物管理票（マニフェスト）を，引渡しに係る産業廃棄物の運搬先が 2 以上である場合，運搬先ごとに交付しなければならない．

(4)　建設工事の元請業者が，当該工事において発生させた産業廃棄物を自ら処理施設へ運搬する場合は，産業廃棄物収集運搬業の許可を必要としない．

Point

(1),(3)　則第 8 条の 20 第一号に「産業廃棄物の種類ごとに交付すること」，第二号に「産業廃棄物の運搬先が 2 以上である場合にあっては，運搬先ごとに交付すること」と規定している．

(2)　収集と運搬の両方の許可を有する場合は，合わせて契約することができる．

(4)　産業廃棄物の処理責任を負う事業者は，下請業者の行う分を含めて元請業者に一元化された．元請業者が自ら搬入する場合は，許可を必要としない．

〔解答〕　出題 1：2　　出題 2：1

Chapter 7-1 ▶ 第二次検定
設備全般

— 分野 DATA —
・出 題 数 ·················· 1
・回 答 数 ·················· 1
・出題区分 ·········· 必須問題

出題 1 　次の設問 1〜設問 3 の答えを解答欄に記述しなさい.

〔設問 1〕　(1)に示す図について，継手の名称及び用途を記述しなさい.

〔設問 2〕　(2)に示す図について，A 図及び B 図の継目の名称を選択欄から選択して記入しなさい.

(1)　鋼管のねじ接合部分

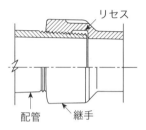

リセス

配管　　　継手

(2)　長方形ダクトの継目

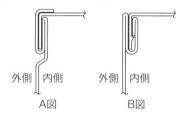

外側｜内側　　　外側｜内側
A図　　　　　　B図

選択欄

角甲はぜ,
ボタンパンチスナップはぜ,
ピッツバーグはぜ

〔設問 3〕　(3)〜(5)に示す各図について，適切でない部分の理由又は改善策を具体的かつ簡潔に記述しなさい.

(3)　冷媒管吊り要領図

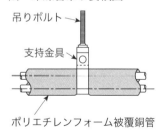

吊りボルト
支持金具
ポリエチレンフォーム被覆銅管

(4)　器具排水管要領図

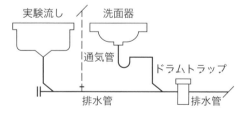

実験流し　　　洗面器
通気管
ドラムトラップ
排水管　　　　排水管

(5) 排水通気管末端の開口位置（外壁取付け）

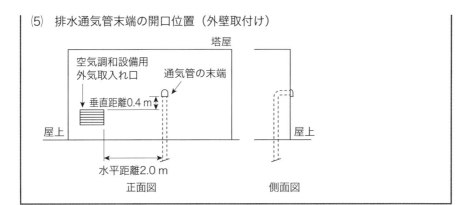

〔解答〕

〔設問1〕

(1) 名称：排水管用ねじ込み式鋳鉄製管継手（ドレネージ継手）

用途：配管用炭素鋼鋼管（SGP）を用いた排水配管の継手に使用

〔設問2〕

(2) A図：ピッツバーグ継目（はぜ）

B図：ボタンパッチスナップ継目（はぜ）

〔設問3〕

(3) ポリエチレンフォーム被覆銅管の保温材が支持金具により圧縮され減肉して保温効果を損ねている.

断熱粘着テープを二重巻き以上して補強するか，面積の広い保護プレートで支持して，断熱材のつぶれを防止する.

(4) 洗面器の排水トラップの下流にドラムトラップがあり二重トラップになっている. ドラムトラップを実験流し排水管接点と通気管取出し点の間に設置する.

(5) 通気管の末端開口部と空気調和設備用外気取入れ口の距離が不足している.
水平距離で3m以上，また垂直距離で0.6m以上上部に設ける.

解 説

〔設問1〕

(1) 排水は固形物を含んでいるので，流路に突起やくぼみがあると，流体が滞留しスムーズに流出できないことがある. 排水用ねじ込み式鋳鉄管継手は図のように流路の凹凸を少なくしている.

〔設問2〕

(2) 角ダクトは鉄板をパーツごとに切り分け，それらを組み合わせて形成する．鉄板同士が接続する部分には折り目をつけ，それに引っかけて固定する．この折り目部分のことを「継目（はぜ）」と呼ぶ．代表的な継目（はぜ）は2種類あり，用途によって使い分けられている．

B図はボタンパンチスナップ継目（はぜ）であり，ダブルに折り返した隙間にスナップ（でっぱり）加工されたシングル側を叩き込んで引っかける構造で，「スナップロック」とも呼ばれている．製作時に叩き込みが一度ですむ利点があり，短時間での製作が可能である．一般的なダクトに広く使われている．

A図はピッツバーグ継目（はぜ）で，叩き込んだのちさらに折り返す必要があり，ボタンパンチ継目（はぜ）と比較すると工程が複雑で，製作時間を要する．その反面，気密性・耐久性に優れており，主に排煙ダクトなどに使われている．

〔設問3〕

(3) ポリスチレンフォームは柔らかいので，支持金具でそのまま吊ると減肉して保温効果を損ねることになる．そのため，断熱粘着テープを二重巻きにして補強する．あるいは，保護プレートで支持して，ポリスチレンフォームのつぶれを防止する．

(4) 1個の器具に対して二つトラップを設けると二重トラップになり，トラップの機能である水封が消失することがある．排水系統では二重トラップは禁止されている施工である．図において，実験流しから見るとドラムトラップが一つだけだが，洗面器から見るとPトラップとドラムトラップが二重になっている．ドラムトラップの位置を実験流し排水管接点と通気管取出し点の間に設置すれば，二重トラップは解消し，通気管の取出し点も適正になる．

(5) 排水通気管の末端は直接外気に開放しなければならないが，開放末端は次の事項に留意する．

① 窓，換気口から近い場合は，その上端から600 mm以上立ち上げるか，水平に3 m以上離して大気中に開口する．

② 屋根に開口する通気管は屋根から200 mm以上立ち上げた位置で大気中に開口する．

③ 屋上を庭園，運動場，物干し場等に利用する場合は，通気管を2 m以上立ち上げる．

出題2 次の設問1及び設問2の答えを解答欄に記述しなさい.

〔設問1〕 (1)に示すテーパねじ用リングゲージを用いた加工ねじの検査において，ねじ径が合格となる場合の加工ねじの管端面の位置について記述しなさい.

(1) 加工ねじとテーパねじ用リングゲージ

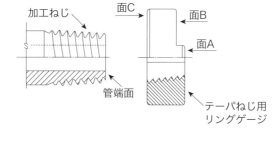

〔設問2〕 (2)～(5)に示す各図について，適切でない部分の理由又は改善策を具体的かつ簡潔に記述しなさい.

(2) 送風機吐出側ダクト施工要領図

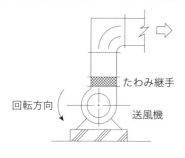

(3) 保温施工のテープ巻き要領図

(4) 汚水桝平面図

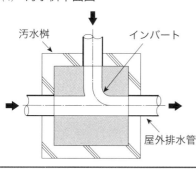

(5) 水飲み器の間接排水要領図

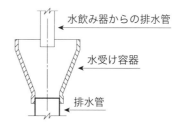

設備全般

空調設備

衛生設備

工程管理

法規

施工経験記述

〔解答〕

〔設問1〕

(1) 手締めではめ合わせ、管端面がテーパねじ用リングゲージの面Aと面Bの範囲に入っていること.

〔設問2〕

(2) ダクトの曲がり方向と送風機の回転方向が反対方向になっている. 送風機の回転方向をダクトの曲がり方法に合わせる.

(3) 立て管のテープ巻は、管の上方より下方ではなく、下方から上方に巻く.

(4) 直交する排水管の流れがスムーズになるよう、排水管は汚水桝の中心ではなく、直交して流入する排水管の半径を大きくする方向にずらす.

(5) 水飲み器からの排水管と水受け容器の間に、排水管の管径に応じた排水口空間を取る.

解 説

(1) テーパねじのリングゲージによる検査は、ゲージを必ず手締めで検査するねじにはめ合わせる. このとき、管端が面Aと面Bの間にあれば、適切に加工されている. 管端が面Aより出ていれば、ねじを切りすぎている. 面Bより手前であればねじが切り足りない.

(2) 送風機の出口にダクト曲がりを設ける場合は、送風機の回転方向とダクトの曲がり方向を合わせて、流れが円滑になるようにする.

(3) 保温施工のテープ巻きは、下から上に向かって巻くようにする. 下から上に巻けば、テープの重なり部分が下を向くので、ほこり等が堆積し難い. 水が漏れた場合でも、水がテープの隙間から滲入し難い.

(4) 屋外排水で、汚水管を合流させる場合には、桝を設けて会合させる. 桝の合流部の流れを円滑にし、汚物が滞留しないようにするためには直交で合流する排水管の曲率をできるだけ大きくする. 曲率を大きくすると、排水管の中心線は桝の中心線からずれることになる (図7-1-1).

(5) 水飲み器からの排水管と水受け容器の間に空間を設けていないと、排水管が詰まる等の異常が起きたときに、排水が逆流して飲料水が汚染されることがある. 間接排水管径に応じて適切な排水口空間を設ける. 管径と排水口空間の関係は、管径25以下は最小50 mm、管径30～50は最小100 mm、管径65以上は最小150 mmである.

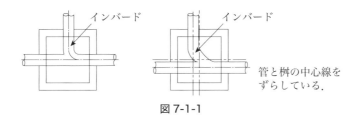

図 7-1-1

インバード（左図）

インバード（右図）
管と桝の中心線を
ずらしている．

出題 3　次の設問 1 及び設問 2 の答えを解答欄に記述しなさい．

〔設問 1〕　(1)及び(2)に示す各図について，**使用場所又は使用目的**を記述しなさい．

(1)　つば付き鋼管スリーブ

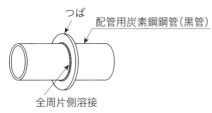

つば
配管用炭素鋼鋼管（黒管）
全周片側溶接

(2)　合成樹脂製支持受け付き U バンド

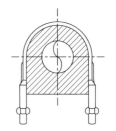

〔設問 2〕　(3)～(5)に示す各図について，**適切でない部分の理由又は改善策**を具体的かつ簡潔に記述しなさい．

(3)　汚水桝施工要領図

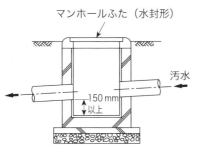

マンホールふた（水封形）
汚水
150 mm
以上

(4)　排気チャンバー取付け要領図

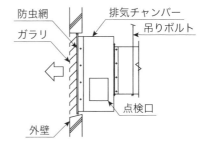

防虫網
ガラリ
排気チャンバー
吊りボルト
点検口
外壁

(5)　冷媒管吊り要領図

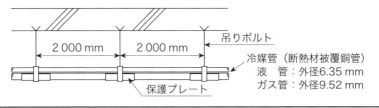

吊りボルト
2 000 mm　　2 000 mm
冷媒管（断熱材被覆銅管）
液　管：外径6.35 mm
ガス管：外径9.52 mm
保護プレート

〔解答〕

〔設問1〕

(1) 使用場所：地下外壁の地中部分の水密を必要とする部分.

　　使用目的：配管貫通部から水が建屋内に浸入するのを防止する.

(2) 使用場所：冷水配管の支持装置用.

　　使用目的：配管等の結露水がUバンドに付着するのを防ぐため.

〔設問2〕

(3) 汚水桝には下部に泥だまりがあり，汚物が堆積するところが適切でない．改善策は，泥だまりに代えてインバートを設ける.

(4) 排気チャンバーの底部がフラットで，雨水が浸入した場合，水が溜まるところが適切でない．改善策は，排気チャンバーの底部に外向きに勾配をつけ，浸入した雨水を排除する.

(5) 冷媒管の支持間隔が2 000 mmとなっているところが適切でない．改善策は，支持間隔を1 500 mm以下にする.

解 説

(1) 地下外壁に配管を貫通させる場合，スリーブを壁コンクリートに埋設し，その中に配管を通し配管とスリーブの間にシーリング材を充填する．このとき，スリーブとコンクリートの密着部から水がにじみ出ることがあるので，スリーブはつば付き鋼管スリーブを使用する.

(2) 冷水や冷温水配管のUバンドに鋼製を使うと，Uバンドも冷やされて，結露してしまう．これを防止するために，熱伝導率の低い樹脂製の支持材で配管を受け，その上からUバンドを取り付ける.

(3) 汚水桝は，流入してくる汚水を滞留させることなく円滑に流すために，インバートという半円形のモルタル製のといを設ける.

(4) 排気チャンバーに雨水が浸入した場合は，底部に溜まり，ダクトを通じて室内にまでもちこまれることがある．排気チャンバーの底部は外に向かって水勾配を取り，浸入した水が滞留しないようにする必要がある.

(5) 配管の吊り間隔は配管の剛性によって異なる．一般的に管径が小さくなれば剛性も小さくなり，支持間隔も短くなる．銅管の外径が9.52 mm以下の場合は，1.5 m以下，12.7 mm以上の場合は2.0 m以下とする.

出題4
次の設問1〜設問3の答えを解答欄に記述しなさい.

〔設問1〕 次の(1)〜(5)の記述について, 適当な場合には○を, 適当でない場合には×を記入しなさい.

(1) アンカーボルトは, 機器の据付け後, ボルト頂部のねじ山がナットから3山程度出る長さとする.

(2) 硬質ポリ塩化ビニル管の接着接合では, テーパ形状の受け口側のみに接着剤を塗布する.

(3) 鋼管のねじ加工の検査では, テーパねじリングゲージをパイプレンチで締め込み, ねじ径を確認する.

(4) ダクト内を流れる風量が同一の場合, ダクトの断面寸法を小さくすると, 必要となる送風動力は小さくなる.

(5) 遠心送風機の吐出し口の近くにダクトの曲がりを設ける場合, 曲がり方向は送風機の回転方向と同じ方向とする.

〔設問2〕 (6)〜(8)に示す図について, 適切でない部分の理由又は改善策を記述しなさい.

〔設問3〕 (9)に示す図について, 排水口空間Aの必要最小寸法を記述しなさい.

(6) カセット形パッケージ形空気調和機（屋内機）据付け要領図

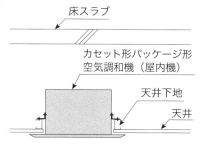

(7) 通気管末端の開口位置（外壁取付け）

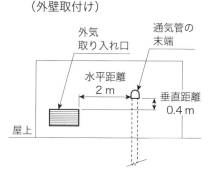

(8) フランジ継手のボルトの締付け
順序（数字は締付け順序を示す.）

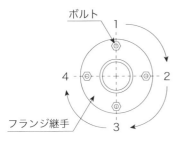

ボルト
フランジ継手

(9) 飲料用高置タンク回り配管要領図

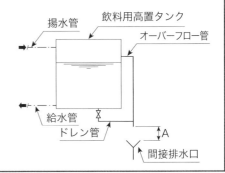

揚水管　飲料用高置タンク
オーバーフロー管
給水管
ドレン管
間接排水口

〔解答〕

〔設問1〕

(1)	(2)	(3)	(4)	(5)
○	×	×	×	○

〔設問2〕

(6) 天井に機器の重量がかかっているので，上部の床スラブから吊り棒でサポート
をとる.

(7) 通気管から廃棄された空気を再び取り入れてしまうので，外気取入れ口と通気
管の末端は水平距離3m以上，垂直距離0.6m以上にする.

(8) フランジの締付は片締めにならないように対角に位置するボルトから締め付け
ていく.

〔設問3〕

(9) 150mm

解 説

〔設問1〕

(1) ボルト端部のねじは不完全なので，通常，2山以上ナットから出るような長さ
とするが，安全側に余裕をみて3山程度ナットから出るような長さにする.

(2) ビニル管の接着接合は，受け口の内側と差し口の外側をウエス等で清掃し，接
着剤を受け口と差し口の両方に薄く塗布し，標準位置まで素早く差込み，しばら
くそのまま押さえておく.

(3)　鋼管のねじ加工の検査は，テーパねじリングゲージを手でねじ込んでねじ径を確認する．

(4)　ダクト内を流れる風量はダクトの断面積と風速の積で求められる．風量が一定で断面積を小さくすると，風速は大きくなる．一方，ダクトの直管部の摩擦抵抗，曲がり部等の局部抵抗は風速の2乗に比例する．したがって，風速が速くなれば抵抗が大きくなり，送風動力も大きくなる．

(5)　遠心送風機から送り出された直後の空気は流れ方向の速度成分と，送風機の回転方向の速度成分をもっている．送風機の吐出口近くの曲がり方向を送風機の回転方向と反対方向にすると曲がり部で空気の乱れが生じる．曲がり部の方向は，送風機の回転方向と同じにし，流れを円滑にする．

〔設問2〕

(6)　天井に機器の重量がそのままかかると，機器の振動や地震による揺れ等で天井が破損するおそれがある．重量のある機器は上部の床スラブから吊り棒で吊るし，荷重を受けるようにする．

(7)　排気系統の通気管は，排気管に空気を供給するだけでなく，汚水の臭気を排出する役割もある．したがって，通気管の末端は衛生上直接外気に開放する．その場合の注意点は，①建物の屋上に開放する場合は約2m以上とする．②戸や窓の開口部の頂部より0.6m以上立ち上げる．③開口部の頂部から0.6m以上立ち上げられない場合は，水平に3m以上離す．

(8)　フランジの締付で注意しなければならないことは片締めにならないようにし，パッキンに均等に圧縮力を負荷することである．ボルトの締付順序は対角に位置するボルトから締め付けていく．問題の図でいうと，①→③→②→④となる．

〔設問3〕

(9)　飲料用高置タンクのオーバーフロー管の排水は，汚染防止のために間接排水する．間接排水の排水口空間の最小値は，管径により下表のようになる．

間接排水の呼び管径（mm）	最小排水口空間（mm）
25 以下	50
30～50	100
65 以上	150

(注)　各種飲料用貯水タンク等の間接排水管の排水口空間は，本表にかかわらず最小150mmとする．

出題 1 　空調用渦巻ポンプを据え付ける場合の留意事項を解答欄に具体的かつ簡潔に記述しなさい．記述する留意事項は，次の(1)～(4)とし，工程管理及び安全管理に関する事項は除く．

(1) 配置に関する留意事項
(2) 基礎に関する留意事項
(3) 設置レベルの調整に関する留意事項
(4) アンカーボルトに関する留意事項

【解答例】

(1) 分解点検のため，保守点検スペースを確保する．また，通路にはみ出して，通路障害とならないようにする．

(2) 基礎の上面のコンクリートを斫り取り，ベース設定後グラウトコンクリートを打設し，2週間程度養生期間を設ける．

(3) ベースの設定は，パッカーとベースの間にライナーを敷いて，レベル調整する．

(4) アンカーボルトはアンカーフレームに固定し，アンカーフレームを仮設鋼材で基礎に固定することで，正確な位置に設定する．

解 説

　解答は，一つではない．ポンプを据付ける場合の留意事項はいくつもあるので，その中の一般的なものを一つ記載すればよい．上記解答例も一例として挙げたものである．

出題 2 　換気設備のダクト及びダクト付属品を施工する場合の留意事項を解答欄に具体的かつ簡潔に記述しなさい．記述する留意事項は，次の(1)～(4)とし，工程管理及び安全管理に関する事項は除く．

(1) コーナーボルト工法ダクトの接合に関し留意する事項
(2) ダクトの拡大・縮小部又は曲がり部の施工に関し留意する事項
(3) 風量調整ダンパの取り付けに関し留意する事項
(4) 吹出口，吸込口を天井面又は壁面に取り付ける場合に留意する事項

【解答例】

(1) 共板フランジ工法では，4隅のボルト・ナットと専用のフランジ押さえ金具で接続する．ダクト端部から押さえ金具までの距離は150 mm以内，押さえ金具間の距離は200 mm以内とする．

(2) ダクトの拡大部は15°以下，縮小部は30°以下とする．曲がり部の内半径は長方形ダクト幅の1/2以上，円形ダクトで直径の1/2以上とする．

(3) 風量調整ダンパは，気流が整流されたところで，調整用ハンドルの操作性が良いところに取り付ける．

(4) 天井・壁との線に対して平行にとりつける．壁付け吹出口では，天井の汚れを防ぐには天井と吹出口上端の距離を150 mm以上とする．

解 説

ダクトの製作据付けに関して一般的な留意事項は覚えておく．特に，(1)のダクト端部から押さえ金具までの距離，押さえ金具間の距離，(2)のダクト拡大縮小の角度，曲がりの曲率等の数値は覚えておく．数値を示して記載すると"具体的に"記載したということになる．

出題3 空冷ヒートポンプパッケージ形空気調和機（床置き直吹形，冷房能力20 kW）を事務室内に設置する場合の留意事項を解答欄に具体的かつ簡潔に記載しなさい．記述する留意事項は，次の(1)〜(4)とし，それぞれ解答欄の(1)〜(4)に記述する．

ただし，工程管理及び安全管理に関する事項は除く．

(1) 屋内機の配置に関し，運転又は保守管理の観点からの留意事項

(2) 屋内機の基礎又は固定に関する留意事項

(3) 屋内機廻りのドレン配管の施工に関する留意事項

(4) 屋外機の配置に関し，運転又は保守管理の観点からの留意事項

【解答例】

(1) 吹き出し空気が室全体に行き渡り，できるだけドラフトを感じないような配置が望まれる．

(2) 大きな地震が発生した場合，転倒等が考えられるので，固定金物で上部を固定する．

(3) ドレン配管は，配管後水張り試験を行い漏水がないことを確認する．確認が終

わったら結露防止保温を施工する.

(4) 屋外機は運転時の騒音に注意する. 敷地境界での騒音が問題ない場所に設置する. また, 必要に応じて防音対策も検討する.

解説

(1), (4)は運転の観点からの留意事項であるが, もちろん保守管理の留意事項でもよい. 保守管理上では, フィルターの点検清掃や部品取替え等の点検スペースの確保等がある.

出題4 空冷ヒートポンプパッケージ形空気調和機の冷媒管 (銅管) を施工する場合の留意事項を解答欄に具体的かつ簡潔に記述しなさい. 記述する留意事項は, 次の(1)～(4)とし, それぞれ解答欄の(1)～(4)に記述する.
　　ただし, 工程管理及び安全管理に関する事項は除く.
(1) 管の切断又は切断面の処理に関する留意事項
(2) 管の曲げ加工に関する留意事項
(3) 管の差込接合に関する留意事項
(4) 管の気密試験に関する留意事項

【解答例】
(1) 管の切断は, バンドソー, 金のこ, パイプカッター等を使って管軸に対して直角に切断する. 切断面は, スクレーパーで面取りを行う.
(2) 管の曲げ加工を手動ベンダーで行う場合は, ゆっくりと均一な力で曲げ, 管が扁平にならないように注意する.
(3) 配管の接合部を十分清掃し, ガスバーナーで加熱し管と管継手の境界部にろうを溶かす. 接合部が適度に加熱されていると, ろうが毛管現象で隙間にまわり, 接合が完了する.
(4) 窒素ガスを用いて規定圧力まで段階的にかつ徐々に昇圧し, 規定圧力に達したら加圧口のバルブを閉め検査用に取り付けた圧力計で降圧がないか確認する. また, 同時に漏れ検査液で漏れがないか点検する.

解説

銅配管に関する一般的な留意事項を理解していれば, 難しい問題ではない. 解答の記述は, 具体的かつ簡潔に記載することを強く意識しなければならない. 施工の

手順を記載する場合は，読点（,）で区切って長文にすると論旨がわかりにくくなり，簡潔な表現にならない．文章は，長く続けず句点（。）で区切って短文で表現する．

衛生設備

出題 1 建築物の給水管（水道用硬質塩化ビニルライニング鋼管）をねじ接合で施工する場合の留意事項を解答欄に具体的かつ簡潔に記述しなさい。記述する留意事項は，次の(1)～(4)とし，工程管理及び安全管理に関する事項は除く。

(1) 管の切断に関する留意事項

(2) 面取り又はねじ加工に関する留意事項

(3) 管継手又はねじ接合材に関する留意事項

(4) ねじ込みに関する留意事項

【解答例】

(1) 管の切断は，バンドソー，丸のこ等で管軸に対して直角に切断する。ガス切断や切断砥石等の発熱するものは使用しない。パイプカッターのように管径を絞るものも使用しない。

(2) 管切断後はスクレーパー等で管端の面取りを行う。ライニング部の面取りを行う際は鋼部を露出させないように注意する。

(3) 管継手は，水道用ねじ込み式管端防食管継手を使用する。接合材は，防食用ペーストシール材を使用する。

(4) 管端防食継手に管をねじ込む場合は，手締めでねじ込んだあと，パイプレンチで締め込む。このとき，過大に締め込むと防食部が破損することがあるので注意する。

解 説

工具や管継手等は具体的な名称で記述する。留意事項は一般的な項目を簡潔に記述するようにする。

出題 2 車いす使用者用洗面器を軽量鉄骨ボード壁（乾式工法）に取り付ける場合の留意事項を解答欄に具体的かつ簡潔に記述しなさい。記述する留意事項は，次の(1)～(4)とし，工程管理及び安全管理に関する事項は除く。

(1) 洗面器の設置高さに関し留意する事項

(2) 洗面器の取り付けに関し留意する事項

(3)　洗面器と給排水管との接続に関し留意する事項

(4)　洗面器設置後の器具の調整に関し留意する事項

【解答例】

(1)　洗面器の設置高さは，床面から器具のあふれ縁まで750 mm 程度とする．洗面器下部に車いす使用者の膝が入り込めるようにする．

(2)　器具の取付けに十分な強度をもつ堅木材の当て木または形鋼をあらかじめボード壁の内側に取り付けておく．

(3)　水栓の吐出口端と器具のあふれ縁との間は適切な吐出口空間を設ける．器具排水トラップと管との接続は専用のアダプタを用いて接続する．

(4)　排水栓を閉めて水栓を開き，器具のオーバーフロー部から排水できることを確認する．

解　説

　(1)，(2)は明確な答えが出しやすいが，(4)はどう答えるべきか悩ましい．吐出水量の調整や自動水栓の作動確認等も解答の一つである．

出題3　排水管（硬質ポリ塩化ビニル管，接着接合）を屋外埋設する場合の留意事項を解答欄に具体的かつ簡潔に記述しなさい．記述する留意事項は，次の(1)～(4)とし，それぞれ解答欄の(1)～(4)に記述する．

　ただし，工程管理及び安全管理に関する事項は除く．

(1)　管の切断又は切断面の処理に関する留意事項

(2)　管の接合に関する留意事項

(3)　埋設配管の敷設に関する留意事項

(4)　埋戻しに関する留意事項

【解答例】

(1)　管の切断は，管軸方向に対して直角に切断線を記入し，その切断線に沿って切断する．切断には比較的目の細かいのこを使用する．

(2)　接着接合は，受口内面および差口外面をウエス等で清掃する．接着剤は少なめに使用し，受口内面と差口外面に均一に塗布する．

(3)　根切り底は山砂を敷き込みならしたあとに配管する．管径に応じた勾配（1/100～1/200）を必ず確保する．

(4) 埋戻しは，配管に損傷を与えないように管の周りを山砂で埋戻し，その上に良質の掘削土で埋め戻す．

解説

管の切断，接着接合の留意事項は排水配管に限らず給水配管でも共通するところが多い．

出題4 ガス瞬間湯沸器（屋外壁掛け形，24号）を住宅の外壁に設置し，浴室への給湯管（銅管）を施工する場合の留意事項を解答欄に具体的かつ簡潔に記述しなさい．記述する留意事項は，次の(1)～(4)とし，それぞれ解答欄の(1)～(4)に記述する．
　　ただし，工程管理及び安全管理に関する事項は除く．
(1) 湯沸器の配置に関し，運転又は保守管理の観点からの留意事項
(2) 湯沸器の据付けに関する留意事項
(3) 給湯管の敷設に関する留意事項
(4) 湯沸器の試運転調整に関する留意事項

【解答例】
(1) 燃焼空気の供給，排気の拡散等の観点から空気の流れの良い場所で，保守・修理ができる位置に配置する．
(2) コンクリート壁に取り付ける場合はあと施工アンカーボルトで壁に固定する．軽量鉄骨や木造の場合はあらかじめ堅木の当て木等を鉄骨や柱に固定し，それに取り付ける．
(3) 給湯管は，逆勾配や管内に水が溜まった状態になるような配管ルートを選択しない．
(4) 浴室内のリモコンで運転操作ができるか確認する．また，すべての機能が正常に作動することを確認する．

解説

ガス瞬間湯沸器の24号は戸建て住宅やマンションでセントラル給湯ができる容量の湯沸器である．

Chapter 7-4 ▶ 第二次検定
工程管理

— 分野 DATA —
・出 題 数 ·············· 1
・回 答 数 ·············· 1
・出題区分 ········· 選択問題

出題 1 2階建て事務所ビルの新築工事において，空気調和設備工事の作業が下記の表及び施工条件のとき，次の設問1及び設問2の答えを解答欄に記述しなさい．

作業名	1階部分		2階部分	
	作業日数	工事比率	作業日数	工事比率
準備・墨出し	1 日	2 %	1 日	2 %
配管	6 日	24 %	6 日	24 %
機器設置	2 日	6 %	2 日	6 %
保温	4 日	10 %	4 日	10 %
水圧試験	2 日	2 %	2 日	2 %
試運転調整	2 日	6 %	2 日	6 %

(注) 表中の作業名の記載順序は，作業の実施順序を示すものではありません．

〔施工条件〕

① 1階部分の準備・墨出しの作業は，工事の初日に開始する．

② 機器設置の作業は，配管の作業に先行して行うものとする．

③ 各作業は，同一の階部分では，相互に並行作業しないものとする．

④ 同一の作業は，1階部分の作業が完了後，2階部分の作業に着手するものとする．

⑤ 各作業は，最早で完了させるものとする．

⑥ 土曜日，日曜日は，現場での作業を行わないものとする．

〔設問1〕 バーチャート工程表及び累積出来高曲線を作成し，次の(1)～(3)に答えなさい．ただし，各作業の出来高は，作業日数内において均等とする．

(バーチャート工程表及び累積出来高曲線の作成は，採点対象外です．)

(1) 工事全体の工期は，何日になるか答えなさい．

(2) ① 累積出来高が70%を超えるのは工事開始後何日目になるか答えなさい．

② その日に1階で行われている作業の作業名を答えなさい．

③ その日に2階で行われている作業の作業名を答えなさい．

(3) タクト工程表はどのような作業に適しているか簡潔に記述しなさい.

〔設問2〕 工期短縮のため,機器設置,配管及び保温の各作業については,1階部分と2階部分を別の班に分け,下記の条件で並行作業を行うこととした.バーチャート工程表を作成し,次の(4)及び(5)に答えなさい.
(バーチャート工程表の作成は,採点対象外です.)

(条件) ① 機器設置,配管及び保温の各作業は,1階部分の作業と2階部分の作業を同じ日に並行作業することができる.各階部分の作業日数は,当初の作業日数から変更がないものとする.

② 水圧試験は,1階部分と2階部分を同じ日に同時に試験する.各階部分の作業日数は,当初の作業日数から変更がないものとする.

③ ①及び②以外は,当初の施工条件から変更がないものとする.

(4) 工事全体の工期は,何日になるか答えなさい.

(5) ②の条件を変更して,水圧試験も1階部分と2階部分を別の班に分け,1階部分と2階部分を別の日に試験することができることとし,また,並行作業とすることも可能とした場合,工事全体の工期は,②の条件を変更しない場合に比べて,何日短縮できるか答えなさい.水圧試験の各階部分の作業日数は,当初の作業日数から変更がないものとする.

〔設問1〕作業用

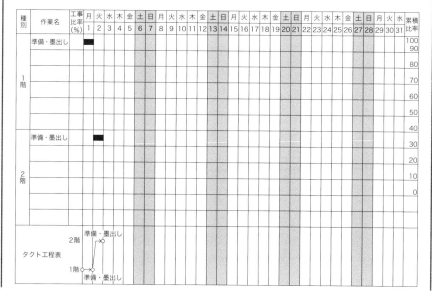

〔設問 2〕作業用

種別	作業名	工事比率(%)	月1	火2	水3	木4	金5	土6	日7	月8	火9	水10	木11	金12	土13	日14	月15	火16	水17	木18	金19	土20	日21	月22	火23	水24	木25	金26	土27	日28	月29	火30	水31	累積比率
1階																																		100 90 80 70 60 50 40
2階																																		30 20 10 0

〔解答〕

(1) 31 日

(2) ① 19 日   ② 保温   ③ 配管

(3) 高層の建築物等で，同一の作業が複数階で繰り返し施工される場合に適している．

(4) 26 日

(5) 1 日

解 説

　工程管理は毎年ほぼ同じ内容の問題が出題されている．

〔設問 1〕

(1) 解答を導き出すにはバーチャート工程表を作成する必要がある．バーチャート工程表の作成は採点対象外であるが，工程表が正しく作成できれば正解は導き出せる．

　　まず，施工条件の表から次の情報を読み取る．

　　1 階部分，2 階部分の作業は，作業名，作業日数，工事比率が全く同じであることから，同一の作業が 1 階と 2 階で施工される．

(a) 作業名の記入

　　工程表の作成は，最初に作業名を記入するが，作業開始の前後関係を確認し上から順番に記入する．施工条件の①から最初に行われる作業は「準備・墨出し」である．施工条件②から「機器設置」が「配管」より先行する．「保温」，「水圧試験」は「配管」の後工程になるのは当然である．「保温」と「水圧試験」は水圧試験が終了

したあとに保温施工するので，保温が先行作業になる．「試運転調整」は当然，最終工程である．以上により作業名は，「準備・墨出し」「機器設置」「配管」「水圧試験」「保温」「試運転調整」という並びになる．工程表の作業名の欄にこの順番で記入する．1階と2階は同じ作業の繰り返しなので2階にも同じように記入する．

(b) バーの記入

・1階

作業名の作業日数分のバーを記入する．このときの条件は，

③各作業は，同一階部分では，相互に並行作業しない．

⑤各作業は，最早で完了させるものとする．

⑥土曜日，日曜日は，現場での作業は行わない．

これらの条件から，作業は先行作業が完了してから開始する．バーの長さは作業日数とする．

・2階

2階は④同一作業は，1階部分の作業が完了後，2階部分の作業に着手する，という条件があるので，バーの開始は同一作業の1階部分の作業が完了したあとになる．

以上の条件でバーチャート工程表を作成すると，表-1のようになり，工事全体の工期は31日になる．

表-1

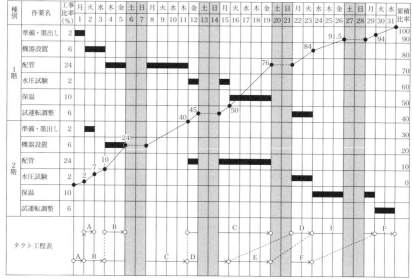

A：準備・墨出し　B：機器設置　C：配管　D：水圧試験　E：保温　F：試運転調整

(2)　累計出来高は各作業の工事比率を累積して求めていく.

　　1日目終了時点では, 1階の準備・墨出しだけが終了しているので, 出来高は2％である. 2日目では, 2階の準備・墨出しと1階の機器設置の半分が終わっているので, 累計出来高は, 2(前日の出来高)＋2(2階の準備・墨出し)＋3(1階の機器設置の半分)＝7となる. 同じように繰り返してゆき, すべて終わると100％になる.

　　設問は累計出来高が70％を超える日がいつかということである. 図からすると18日か19日のようである. 18日終了時の累計出来高は, 15日の累計出来高に1階の保温の3日分と2階の配管の3日分を足した値になる. 50＋(10×3/4)＋(24×3/6)＝69.5％となり, 70％を超えない. したがって, 70％を超えるのは19日である.

　　19日の作業は, 1階では保温, 2階では配管を行っている.

(3)　タクト工程表は, 高層建物で同一の作業が各階で繰り返される場合に適している. 参考までに表-1の下段にタクト工程表を示している.

〔設問2〕

(4)　機器設置, 配管および保温の各作業について, 1階部分と2階部分を別の班に分け, 並行作業を行う, という条件を変更した場合のバーチャート工程表の作成である. 準備・墨出し, 水圧試験, 試運転調整以外は並行作業となるので, 1階部分と2階部分をそれぞれで考えてよいことになり, 簡単になる. 気を付けなければならないのが, 水圧試験は, 1階部分と2階部分を同じ日に同時に試験する, というところである. 1階部分が1日先行しているが, 2階部分の配管が終わるのを待って, 15, 16日に水圧試験を実施する.

　　表-2に示すとおり工事全体の工期は26日になる.

表-2

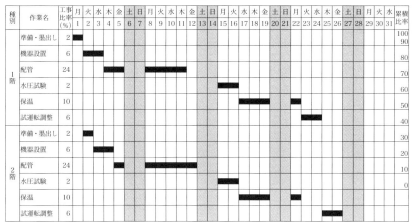

(5)　水圧試験を別の日に並行作業するように条件変更した場合，1階部分の水圧試験は12日に開始して15日に終了する（13，14日は土曜日，日曜日）．1階部分の工期が1日短縮され，2階部分の試運転調整が1日早く始められる．結果，工事全体の工期は1日短縮できることになる．

　　表-3に工程表を示す．

表-3

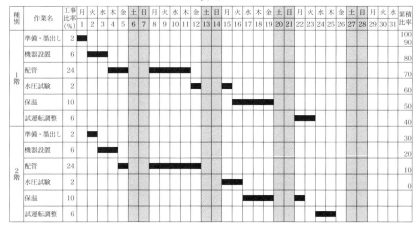

出題 1 次の設問 1 及び設問 2 の答えを解答欄に記述しなさい.

〔設問 1〕 建設工事現場における, 労働安全衛生に関する文中, ［ ］内に当てはまる「労働安全衛生法」上に定められている語句又は数値を選択欄から選択して記入しなさい.

(1) 事業者は, 手掘りによる ［ A ］ からなる地山の掘削の作業を行うときは, 掘削面のこう配を 35 度以下とし, 又は掘削面の高さを 5 m 未満としなければならない.

(2) 事業者は, 足場（一側足場及び吊り足場を除く）における高さ ［ B ］ m 以上の作業場所に設ける作業床は, 幅 40 cm 以上とし, 床材間のすき間は 3 cm 以下としなければならない.

(3) 事業者は, 移動はしごを使用するときは, ［ C ］ の取付けその他転位を防止するために必要な措置を講じなければならない.

(4) 事業者は, 屋内に設ける通路の通路面から高さ ［ D ］ m 以内に障害物を置いてはならない.

選択欄

岩盤, 堅い粘土, 砂, 1, 1.5, 1.8, 2, 手すり, すべり止め装置

〔設問 2〕 建設工事現場における, 安全衛生に関する文中, ［ ］内に当てはまる語句を記述しなさい.

(5) 事業者は, 高温多湿作業場所で作業を行うときは, 労働者に透湿性・通気性の良い服装を着用させたり, 塩分や水分を定期的に摂取させたりして, ［ E ］ 症防止に努めなければならない.

〔解答〕

A	B	C	D	E
砂	2	すべり止め装置	1.8	熱中

解説

〔設問1〕

　労働安全衛生規則から出題されている．該当条文を次に挙げる．

(1)　規則第357条　事業者は，手掘りにより砂からなる地山又は発破等により崩壊しやすい状態になっている地山の掘削の作業を行なうときは，次に定めるところによらなければならない．

　　一　砂からなる地山にあっては，掘削面のこう配を35度以下とし，又は掘削面の高さを5メートル未満とすること．

(2)　規則第563条　事業者は，足場（一側足場を除く．第三号において同じ．）における高さ2メートル以上の作業場所には，次に定めるところにより，作業床を設けなければならない．

　　二　つり足場の場合を除き，幅，床材間の隙間及び床材と建地との隙間は，次に定めるところによること．

　　　イ　幅は，40センチメートル以上とすること．

　　　ロ　床材間の隙間は，3センチメートル以下とすること．

(3)　規則第527条　事業者は，移動はしごについては，次に定めるところに適合したものでなければ使用してはならない．

　　四　すべり止め装置の取付けその他転位を防止するために必要な措置を講ずること．

(4)　規則第542条　事業者は，屋内に設ける通路については，次に定めるところによらなければならない．

　　三　通路面から高さ1.8メートル以内に障害物を置かないこと．

〔設問2〕

(5)　熱中症の発生数は，地球温暖化の影響も考慮すれば多くなると想定される．業種別にみると建設業，製造業，運輸業に多い．厚生労働省は，熱中症の予防については，基本通達「職場における熱中症の予防について」を示している．予防対策としては，WBGT値の低減，休憩場所の整備，水分・塩分の定期的な補給，透湿性・通気性の良い服装等が必要であるとしている．

出題2 次の設問１及び設問２の答えを解答欄に記述しなさい.

〔設問1〕 建設工事現場における, 労働安全衛生に関する文中, ［　　　　］内に当てはまる「労働安全衛生法」に定められている語句又は数値を選択欄から選択して解答欄に記入しなさい.

(1) 脚立については, 脚と水平面との角度を ［　A　］ 度以下とし, かつ, 折りたたみ式のものにあっては, 脚と水平面との角度を確実に保つための金具等を備えなければならない.

(2) 架設通路の勾配は, 階段を設けたもの又は高さが２メートル未満で丈夫な手掛を設けたものを除き, ［　B　］ 度以下にしなければならない. また, 勾配が ［　C　］ 度を超えるものには, 踏桟その他の滑止めを設けなければならない.

(3) 事業者は, 高さが５メートル以上の構造の足場の組立ての作業については, 当該作業の区分に応じて, ［　D　］ を選任しなければならない.

選択欄

> 15, 20, 30, 45, 60, 75, 80,
> 安全衛生推進者, 作業主任者, 専門技術者

〔設問2〕 建設工事現場における, 労働安全衛生に関する文中, ［　　　　］内に当てはまる「労働安全衛生法」に定められている語句を解答欄に記述しなさい.

(4) 事業者は, つり上げ荷重が１トン未満の移動式クレーンの運転（道路上を走行させる運転を除く.）の業務に労働者を就かせるときは, 当該労働者に対し, 当該業務に関する安全のための ［　E　］ を行わなければならない.

〔解答〕

A	B	C	D	E
75	30	15	作業主任者	特別の教育

解 説

労働安全衛生法, 労働安全衛生規則および労働安全衛生施行令からの出題である. 該当する条文を次に挙げる.

〔設問1〕

(1) 規則第528条 事業者は，脚立については，次に定めるところに適合したものでなければ使用してはならない．

　　　三　脚と水平面との角度を**75**度以下とし，かつ，折りたたみ式のものにあっては，脚と水平面との角度を確実に保つための金具等を備えること．

(2) 規則第552条 事業者は，架設通路については，次に定めるところに適合したものでなければ使用してはならない．

　　　二　勾配は，**30**度以下とすること．ただし，階段を設けたもの又は高さが二メートル未満で丈夫な手掛を設けたものはこの限りでない．

　　　三　勾配が**15**度を超えるものには，踏桟その他の滑止めを設けること．

(3) 法第14条に，労働災害を防止するための安全管理を必要とする作業では，**作業主任者**を選任することを定めている．さらに，法第14条の政令で定める作業は，施行令第6条第十五号に「吊り足場（ゴンドラの吊り足場を除く．以下同じ．），張出し足場又は高さが5メートル以上の構造の足場の組立て，解体又は変更の作業」を規定している．

〔設問2〕

(4) 法第59条 事業者は，労働者を雇い入れたときは，当該労働者に対し，厚生労働省令で定めるところにより，その従事する業務に関する安全又は衛生のための**特別の教育**を行なわなければならない．さらに，規則第36条に特別教育を必要とする危険または有害な業務が定められており，その第十六号に「つり上げ荷重が1トン未満の移動式クレーンの運転（道路上を走行させる運転を除く．）の業務」が規定されている．

出題3 次の設問1及び設問2の答えを解答欄に記述しなさい．

〔設問1〕　建設工事現場における，労働安全衛生に関する文中，□□□内に当てはまる「労働安全衛生法」に定められている語句又は数値を選択欄から選択して解答欄に記入しなさい．

(1) 移動式クレーン検査証の有効期間は，原則として，□ A □年とする．ただし，製造検査又は使用検査の結果により当該期間を□ A □年未満とすることができる．

(2) 事業者は，移動式クレーンを用いて作業を行うときは，□ B □に，その移動式クレーン検査証を備え付けておかなければならない．

(3) 足場（一側足場，つり足場を除く．）における高さ 2 m 以上の作業場に設ける作業床の床材と建地との隙間は，原則として，   C   cm 未満とする．

(4) 事業者は，アーク溶接のアークその他強烈な光線を発散して危険のおそれのある場所については，原則として，これを区画し，かつ，適当な   D   を備えなければならない．

選択欄

> 1, 2, 3, 5, 10, 12,
> 現場事務所, 当該移動式クレーン, 保管場所, 避難区画, 休憩区画, 保護具

〔設問 2〕 小型ボイラーの設置に関する文中，   　　　　　 内に当てはまる「労働安全衛生法」に定められている語句を解答欄に記述しなさい．

事業者は，小型ボイラーを設置したときは，原則として，遅滞なく，小型ボイラー設置報告書に所定の構造図等を添えて，所轄   E   長に提出しなければならない．

〔解答〕

A	B	C	D	E
2	当該移動式クレーン	12	保護具	労働基準監督署

解 説

クレーン等安全規則，労働安全衛生規則およびボイラー及び圧力容器安全規則からの出題である．

〔設問 1〕

(1) クレーン等安全規則第 60 条　移動式クレーン検査証の有効期間は，**2 年**とする．ただし，製造検査又は使用検査の結果により当該期間を 2 年未満とすることができる．

(2) クレーン等安全規則第 63 条　事業者は，移動式クレーンを用いて作業を行なうときは，**当該移動式クレーン**に，その移動式クレーン検査証を備え付けておかなければならない．

(3) 労働安全衛生規則第 563 条　事業者は，足場（一側足場を除く．第三号において同じ．）における高さ 2 メートル以上の作業場所には，次に定めるところによ

り，作業床を設けなければならない．

　　二　つり足場の場合を除き，幅，床材間の隙間及び床材と建地との隙間は，次に定めるところによること．

　　ハ　床材と建地との隙間は，**12**センチメートル未満とすること．

⑷　労働安全衛生規則第325条　事業者は，アーク溶接のアークその他強烈な光線を発散して危険のおそれのある場所については，これを区画しなければならない．

　　2　事業者は，前項の場所については，適当な**保護具**を備えなければならない．

〔設問2〕

　ボイラー及び圧力容器安全規則第91条　事業者は，小型ボイラーを設置したときは，遅滞なく，小型ボイラー設置報告書（様式第二十六号）に機械等検定規則第1条第1項第一号の規定による構造図及び同項第二号の規定による小型ボイラー明細書並びに当該小型ボイラーの設置場所の周囲の状況を示す図面を添えて，所轄**労働基準監督署**長に提出しなければならない．ただし，認定を受けた事業者については，この限りでない．

出題4　次の設問1及び設問2の答えを解答欄に記述しなさい．

〔設問1〕　建設業における労働安全衛生に関する文中，　A　～　C　に当てはまる「労働安全衛生法」に定められている語句又は数値を選択欄から選択して解答欄に記入しなさい．

⑴　安全衛生推進者の選任は，　A　の登録を受けた者が行う講習を修了した者その他法に定める業務を担当するため必要な能力を有すると認められる者のうちから，安全衛生推進者を選任すべき事由が発生した日から　B　日以内に行わなければならない．

⑵　事業者は，新たに職務につくこととなった　C　その他の作業中の労働者を直接指導又は監督する者に対し，作業方法の決定及び労働者の配置に関すること，労働者に対する指導又は監督の方法に関すること等について，安全又は衛生のための教育を行わなければならない．

選択欄

　厚生労働大臣，都道府県労働局長，7，14，職長，作業主任者

〔設問2〕　墜落等による危険の防止に関する文中，　D　及び　E　に当てはまる「労働安全衛生法」に定められている数値を解答欄に記述しなさい．

(3) 事業者は，高さが　D　メートル以上の作業床の端，開口部等で墜落により労働者に危険を及ぼすおそれのある箇所には，囲い，手すり，覆い等を設けなければならない．

(4) 高さ又は深さが　E　メートルをこえる箇所の作業に従事する労働者は，安全に昇降するための設備等が設けられたときは，当該設備等を使用しなければならない．

〔解答〕

A	B	C	D	E
都道府県労働局長	14	職長	2	1.5

解 説

労働安全衛生法および労働安全衛生規則からの出題である．

〔設問 1〕

(1) 労働安全衛生法第 12 条の 2 に，安全衛生推進者の選任が規定されている．

労働安全衛生規則第 12 条の 2 に，安全衛生推進者等を選任すべき事業場が規定されている．

労働安全衛生規則第 12 条の 3　法第 12 条の 2 の規定による安全衛生推進者又は衛生推進者（以下「安全衛生推進者等」という．）の選任は，**都道府県労働局長**の登録を受けた者が行う講習を修了した者その他法第 10 条第 1 項各号の業務（衛生推進者にあっては，衛生に係る業務に限る．）を担当するため必要な能力を有すると認められる者のうちから，次に定めるところにより行わなければならない．

一　安全衛生推進者等を選任すべき事由が発生した日から **14** 日以内に選任すること．

(2) 労働安全衛生法第 60 条　事業者は，その事業場の業種が政令で定めるものに該当するときは，新たに職務につくこととなった**職長**その他の作業中の労働者を直接指導又は監督する者（作業主任者を除く．）に対し，次の事項について，厚生労働省令で定めるところにより，安全又は衛生のための教育を行なわなければならない．

〔設問 2〕

(3) 労働安全衛生規則第 519 条　事業者は，高さが **2** メートル以上の作業床の端，

開口部等で墜落により労働者に危険を及ぼすおそれのある箇所には，囲い，手すり，覆い等（以下この条において「囲い等」という.）を設けなければならない.

⑷　労働安全衛生規則第526条　事業者は，高さ又は深さが**1.5**メートルをこえる箇所で作業を行なうときは，当該作業に従事する労働者が安全に昇降するための設備等を設けなければならない. ただし，安全に昇降するための設備等を設けることが作業の性質上著しく困難なときは，この限りでない.

施工経験記述

出題 1 あなたが経験した管工事のうちから，代表的な工事を 1 つ選び，次の設問 1〜設問 3 の答えを解答欄に記述しなさい．

〔設問 1〕 その工事につき，次の事項について記述しなさい．

(1) 工事名〔例：◎◎ビル（◇◇邸）□□設備工事〕

(2) 工事場所〔例：◎◎県◇◇市〕

(3) 設備工事概要〔例：工事種目，工事内容，主要機器の能力・台数等〕

(4) 現場でのあなたの立場又は役割

〔設問 2〕 上記工事を施工するにあたり「工程管理」上，あなたが特に重要と考えた事項を解答欄の(1)に記述しなさい．

  また，それについてとった措置又は対策を解答欄の(2)に簡潔に記述しなさい．

〔設問 3〕 上記工事を施工するにあたり「安全管理」上，あなたが特に重要と考えた事項を解答欄の(1)に記述しなさい．

  また，それについてとった措置又は対策を解答欄の(2)に簡潔に記述しなさい．

【解答例】

〔設問 1〕

(1) 工事名

  ○○工業株式会社　社員寮建設工事

(2) 工事場所

  △△県□□市

(3) 設備工事概要

  設備概要は 4 階建て RC 構造（居室 50，食堂，浴室，図書室，多目的集会室）．工事種目は給湯，給水，排水配管工事．

(4) 現場でのあなたの立場または役割

  自社設計における設計者および現場工事監理者

〔設問2〕

・特に重要と考えた事項

　工事着手を目前にして，新型コロナウイルス感染症が拡大し始めた．全国的に機材の調達困難，作業員の不足が懸念された．当然，工程管理に影響した．

・取った措置および対策

　機材の調達は，調達できる機材に仕様変更して対応した．作業員不足は，現場での感染症予防対策を徹底して実施した．それでも，影響は予想外に大きく，工期の延長を関係部署に説明し承認を得た．

〔設問3〕

・特に重要と考えた事項

　工事が夏場に差し掛かり，熱中症のリスクが高まった．特に感染症予防対策でマスクの着用が，熱中症のリスクを高めた．

・とった措置または対策

　休憩所はすでにエアコンを設置していた．休憩所に飲料水，塩飴，経口補水液を配備した．溶接作業のように火の粉を吸引するおそれのない作業者には，冷却ファンを装着した作業着の着用を推進した．

解　説

施工経験記述上の注意事項

(a)　要点

　毎年必須問題として出題されている．

　採点者に内容を理解してもらうことが大切である．文章は簡潔にわかりやすく書くようにする．簡潔な文章とはできるだけ短文で，二つのことを一つの文章で言わない．時間の流れがあれば，時系列に表現する．ぶっつけ本番で記述することは避ける．あらかじめ答案を用意して記述練習をしておく．次に簡潔でわかりやすい文章の書き方の例を挙げる．

・悪い例

　現場で寸法を計測し，作成した施工図に基づいて機器・管材の発注をし，納品を確認したら注文書と納品書で材質・規格・寸法の確認をする検収を行い，不適合品があれば場外へ搬出した．

・良い例

①　現場で寸法を計測し，施工図を作成した．

② 作成した施工図を基に必要機材のチェックリストを作成し発注を行った．

③ 納品を確認したら，注文書と納品書で材質・規格・寸法の確認をする検収を行った．

④ 検収で不適合品があれば，場外へ搬出した．

(b) 記述上の注意事項

自身が経験した管工事のうちから，適切なものを一つ選ぶ．

管工事施工管理技術検定「受験の手引き」に，管工事の種別の工事内容が記載されている．記述の対象となるものは，この中のものである．

工事種別	工事内容
冷暖房設備工事	1．冷温熱源機器据付工事　2．ダクト工事　3．冷媒配管工事　4．冷温水配管工事　5．蒸気配管工事　6．燃料配管工事　7．TES機器据付工事　8．冷暖房機器据付工事　9．圧縮空気管設備工事　10．熱供給設備配管工事　11．ボイラー据付工事　12．コージェネレーション設備工事
冷凍冷蔵設備工事	1．冷凍冷蔵機器据付及び冷媒配管工事　2．冷却水配管工事　3．エアー配管工事　4．自動計装工事
空気調和設備工事	1．冷温熱源機器据付工事　2．空気調和機器据付工事　3．ダクト工事　4．冷温水配管工事　5．自動計装工事　6．クリーンルーム設備工事
換気設備工事	1．送風機据付工事　2．ダクト工事　3．排煙設備工事
給排水・給湯設備工事	1．給排水ポンプ据付工事　2．給排水配管工事　3．給湯器据付工事　4．給湯配管工事　5．専用水道工事　6．ゴルフ場散水配管工事　7．散水消雪設備工事　8．プール施設配管工事　9．噴水施設配管工事　10．ろ過器設備工事　11．受水槽又は高置水槽据付工事　12．さく井工事
厨房設備工事	1．厨房機器据付及び配管工事
衛生器具設備工事	1．衛生器具取付工事
浄化槽設備工事	1．浄化槽設置工事　2．農業集落排水設備工事　※終末処理場等は除く
ガス管配管設備工事	1．都市ガス配管工事　2．プロパンガス（LPG）配管工事　3．LNG配管工事　4．液化ガス供給配管工事　5．医療ガス設備工事　※公道下の本管工事を含む
管内更生工事	1．給水管ライニング更生工事　2．排水管ライニング更生工事　※公道下等の下水道の管内更生工事は除く
消火設備工事	1．屋内消火栓設備工事　2．屋外消火栓設備工事　3．スプリンクラー設備工事　4．不活性ガス消火設備工事　5．泡消火設備工事

上水道配管工事	1. 給水装置の分岐を有する配水小管工事　2. 本管からの引込工事（給水装置）
下水道配管工事	1. 施設の敷地内の配管工事　2. 本管から公設桝までの接続工事　※公道下の本管工事は除く

〔設問 1〕

(1)　工事名

　建築工事などの一部に管工事が含まれていることが多いので，建築物の名称を必ず記述する．

(2)　工事場所

　都道府県名および市町村名まで記述する．

(3)　設備工事概要

　設備工事種目は冷暖房，空調，換気，給排水・給湯等で該当するものを記述する．

　工事内容は工事の規模を記述する．例えば，◎階建て，延べ床面積○○ m²，鉄骨構造等．

(4)　現場でのあなたの立場または役割

　現場での役割である主任技術者，施工監督，現場代理人等を記述する．会社での役職（部長，課長，主任等）ではない．

〔設問 2，設問 3〕

　工程管理，品質管理，安全管理のうち 2 項目が出題されている．現場経験があれば難なく記述できると思うが，前述したように簡潔でわかりやすく書くことが求められる．過去問を題材に答案を作成し，事前に記述練習をしておく．会社の上司や家族等第三者に見てもらうとよい．

索　引

—— 著 者 略 歴 ——

中垣　裕一（なかがき　ゆういち）

〈所有資格〉
　　　　管工事施工管理技士 1級
　　　　技術士（金属部門）
　　　　労働安全コンサルタント

らくらくマスター
2級管工事施工管理技術検定　テキスト＆厳選問題集

2024年 4月25日　　第1版第1刷発行

著　者　中　垣　裕　一
　　　　　なか　　がき　　ゆう　　いち

発 行 者　田　中　　　聡

発　行　所
株式会社　電 気 書 院
ホームページ　www.denkishoin.co.jp
（振替口座　00190-5-18837）
〒101-0051　東京都千代田区神田神保町1-3 ミヤタビル2F
電話（03）5259-9160／FAX（03）5259-9162

印刷　中央精版印刷株式会社
Printed in Japan／ISBN978-4-485-22165-5

• 落丁・乱丁の際は，送料弊社負担にてお取り替えいたします.

[本書の正誤に関するお問い合せ方法は，最終ページをご覧ください]

書籍の正誤について

万一，内容に誤りと思われる箇所がございましたら，以下の方法でご確認いただきますようお願いいたします.

なお，正誤のお問合せ以外の書籍の内容に関する解説や受験指導などは**行っておりません**.
このようなお問合せにつきましては，お答えいたしかねますので，予めご了承ください.

正誤表の確認方法

最新の正誤表は，弊社Webページに掲載しております. 書籍検索で「正誤表あり」や「キーワード検索」などを用いて，書籍詳細ページをご覧ください.
正誤表があるものに関しましては，書影の下の方に正誤表をダウンロードできるリンクが表示されます. 表示されないものに関しましては，正誤表がございません.

弊社Webページアドレス
https://www.denkishoin.co.jp/

正誤のお問合せ方法

正誤表がない場合，あるいは当該箇所が掲載されていない場合は，書名，版刷，発行年月日，お客様のお名前，ご連絡先を明記の上，具体的な記載場所とお問合せの内容を添えて，下記のいずれかの方法でお問合せください.
回答まで，時間がかかる場合もございますので，予めご了承ください.

	郵送先	〒101-0051 東京都千代田区神田神保町1-3 ミヤタビル2F ㈱電気書院　編集部　正誤問合せ係
FAXで 問い合わせる	ファクス番号	**03-5259-9162**
	弊社Webページ右上の「**お問い合わせ**」から https://www.denkishoin.co.jp/

お電話でのお問合せは，承れません

（2022年5月現在）